Ｖ研客及全国各大考研培训学校指定用书

数学强化通关 330题

（数学一）

一习题册一

编著 ◎ 李永乐 王式安 刘喜波 武忠祥 宋浩 姜晓千 铁军 李正元 蔡燧林 胡金德 陈默 申亚男

中国农业出版社
CHINA AGRICULTURE PRESS
·北京·

图书在版编目(CIP)数据

数学强化通关 330 题. 数学一 / 李永乐等编著. —
北京:中国农业出版社,2021.3(2024.3重印)
(金榜时代考研数学系列)
ISBN 978-7-109-27948-3

Ⅰ.①数…　Ⅱ.①李…　Ⅲ.①高等数学－研究生－入
学考试－习题集　Ⅳ.①O13-44

中国版本图书馆 CIP 数据核字(2021)第 025911 号

数学强化通关 330 题. 数学一
SHUXUE QIANGHUA TONGGUAN 330TI. SHUXUE YI

中国农业出版社出版
地址:北京市朝阳区麦子店街 18 号楼
邮编:100125
责任编辑:吕　睿
责任校对:吴丽婷
印刷:正德印务(天津)有限公司
版次:2021 年 3 月第 1 版
印次:2024 年 3 月天津第 4 次印刷
发行:新华书店北京发行所
开本:787mm×1092mm　1/16
总印张:19.5
总字数:290 千字
总定价:69.80 元(全 2 册)

金榜時代考研数学系列图书
内容简介及使用说明

考研数学满分 150 分,数学在考研成绩中的比重很大;同时又因数学学科本身的特点,考生的数学成绩历年来千差万别,数学成绩好在考研中很占优势,因此有"得数学者考研成"之说。既然数学对考研成绩如此重要,那么就有必要探讨一下影响数学成绩的主要因素。

本系列图书作者根据多年的命题经验和阅卷经验,发现考研数学命题的灵活性非常大,不仅表现在一个知识点与多个知识点的考查难度不同,更表现在对多个知识点的综合考查上,这些题目在表达上多一个字或多一句话,难度都会变得截然不同。正是这些综合型题目拉开了考试成绩的差距,而构成这些难点的主要因素,实际上是最基础的基本概念、定理和公式的综合。同时,从阅卷反映的情况来看,考生答错题目的主要原因也是对基本概念、定理和公式记忆和掌握得不够熟练。总结为一句话,那就是:要想数学拿高分,就必须熟练掌握、灵活运用基本概念、定理和公式。

基于此,李永乐考研数学辅导团队结合多年来考研辅导和研究的经验,精心编写了本系列图书,目的在于帮助考生有计划、有步骤地完成数学复习,从对基本概念、定理和公式的记忆,到对其熟练运用,循序渐进。下面介绍本系列图书的主要特点和使用说明,供考生复习时参考。

书名	本书特点	本书使用说明
《考研数学复习全书·基础篇》	**内容基础·提炼精准·易学易懂**(推荐使用时间:2023 年 7 月—2023 年 12 月) 本书根据大纲的考试范围将考研所需复习内容提炼出来,形成考研数学的基础内容和复习逻辑,实现大学数学同考研数学之间的顺利过渡,开启考研复习第一篇章。	考生复习过本校大学数学教材后,即可使用本书。如果大学没学过数学或者本校课本是自编教材,与考研大纲差别较大,也可使用本书替代大学数学教材。
《数学基础过关 660 题》	**题目经典·体系完备·逻辑清晰**(推荐使用时间:2023 年 7 月—2024 年 4 月) 本书是主编团队出版 20 多年的经典之作,一直被模仿,从未被超越。年销量达百万余册,是当之无愧的考研数学头号畅销书,拥有无数甘当"自来水"的粉丝读者,口碑爆棚,考研数学不可不入!"660"也早已成为考研数学的年度关键词。 本书重基础,重概念,重理论,一旦你拥有了《考研数学复习全书·基础篇》《数学基础过关 660 题》教你的思维方式、知识逻辑、做题方法,你就能基础稳固、思维灵活,对知识、定理、公式的理解提升到新的高度,避免陷入复习中后期"基础不牢,地动山摇"的窘境。	与《考研数学复习全书·基础篇》搭配使用,在完成对基础知识的学习后,有针对性地做一些练习。帮助考生熟练掌握定理、公式和解题技巧,加强知识点的前后联系,将之体系化、系统化,分清重难点,让复习周期尽量缩短。 虽说书中都是选择题和填空题,但同学们也不要轻视,不要一开始就盲目做题。看到一道题,要能分辨出是考哪个知识点,考什么,然后在做题过程中看看自己是否掌握了这个知识点,应用的定理、公式的条件是否熟悉,这样才算真正做好了一道题。
《考研数学真题真刷基础篇·考点分类详解版》	**分类详解·注重基础·突出重点**(推荐使用时间:2023 年 7 月—2023 年 12 月) 本书精选精析 1987—2008 年考研数学真题,帮助考生提前了解大学水平考试与考研选拔考试的差别,使考生不会盲目自信,也不会妄自菲薄,真正跨入考研的门槛。	与《考研数学复习全书·基础篇》《数学基础过关 660 题》搭配使用,复习完一章,即可做相应的章节真题。不会做的题目做好笔记,第二轮复习时继续练习。

书名	本书特点	本书使用说明
《考研数学复习全书·提高篇》	**系统全面·深入细致·结构科学**（推荐使用时间：2024年2月—2024年7月） 　　本书为作者团队的扛鼎之作，常年稳居各大平台考研图书畅销榜前列，主编之一的李永乐老师更是入选2019年"当当20周年白金作家"，考研界仅两位作者获此称号。 　　本书从基本理论、基础知识、基本方法出发，全面、深入、细致地讲解考研数学大纲要求的所有考点，不提供花拳绣腿的不实用技巧，也不提倡误人子弟的费时背书法，而是扎扎实实地带同学们深入每一个考点背后，找到它们之间的关联、逻辑，让同学们从知识点零碎、概念不清楚、期末考试过后即忘的"低级"水平，提升到考研必需的高度。	利用《考研数学复习全书·基础篇》把基本知识"捡"起来之后，再使用本书。本书有对知识点的详细讲解和相应的练习题，有利于同学们建立考研知识体系和框架，打好基础。 　　在《数学基础过关660题》中若遇到不会做的题，可以放到这里来做。以章或节为单位，学习新内容前要复习前面的内容，按照一定的规律来复习。基础薄弱或中等偏下的考生，务必要利用考研当年上半年的时间，整体吃透书中的理论知识，摸清例题设置的原理和必要性，特别是对大纲要求的基本概念、理论、方法要系统理解和掌握。
《考研数学真题真刷提高篇·考点分类详解版》	**真题真练·总结规律·提升技巧**（推荐使用时间：2024年7月—2024年11月） 　　本书完整收录2009—2024年考研数学的全部试题，将真题按考点分类，还精选了其他卷的试题作为练习题。力争做到考点全覆盖，题型多样，重点突出，不简单重复。书中的每一道题给出的参考答案有常用、典型的解法，也有技巧性强的特殊解法。分析过程逻辑严谨、思路清晰，具有很强的可操作性，通过学习，考生可以独立完成对同类题的解答。	边做题、边总结，遇到"卡壳"的知识点、题目，回到《数学复习全书·提高篇》和之前听过的基础课、强化课中去补，争取把每个真题的知识点吃透、搞懂，不留死角。 　　通过做真题，考生将进一步提高解题能力和技巧，满足实际考试的要求。第一阶段，浏览每年真题，熟悉题型和常考点。第二阶段，进行专项复习。
《高等数学辅导讲义》《线性代数辅导讲义》《概率论与数理统计辅导讲义》	**经典讲义·专项突破·强化提高**（推荐使用时间：2024年7月—2024年10月） 　　三本讲义分别由作者的教学讲稿改编而成，系统阐述了考研数学的基础知识。书中例题都经过严格筛选、归纳，是多年经验的总结，对考研的重点、难点的把握准确、有针对性。适合认真研读，做到举一反三。	哪科较薄弱，精研哪本。搭配《数学强化通关330题》一起使用，先复习讲义上的知识点，做章节例题、练习，再去听相关章节的强化课，做《数学强化通关330题》的相关习题，更有利于知识的巩固和提高。
《数学强化通关330题》	**综合训练·突破重点·强化提高**（推荐使用时间：2024年5月—2024年10月） 　　强化阶段的练习题，综合训练必备。具有典型性、针对性、技巧性、综合性等特点，可以帮助同学们突破重点、难点，熟悉解题思路和方法，增强应试能力。	与《数学基础过关660题》互为补充，包含选择题、填空题和解答题。搭配《高等数学辅导讲义》《线性代数辅导讲义》《概率论与数理统计辅导讲义》使用，效果更佳。
《数学临阵磨枪》	**查漏补缺·问题清零·从容应战**（推荐使用时间：2024年10月—2024年12月） 　　本书是常用定理公式、基础知识的清单。最后阶段，大部分考生缺乏信心，感觉没复习完，本来会做的题目，因为紧张、压力，也容易出错。本书能帮助考生在考前查漏补缺，确保基础知识不丢分。	搭配《数学决胜冲刺6套卷》使用。上考场前，可以再次回忆、翻看本书。
《数学决胜冲刺6套卷》《考研数学最后3套卷》	**冲刺模拟·有的放矢·高效提分**（推荐使用时间：2024年11月—2024年12月） 　　通过整套题的训练，对所学知识进行系统总结和梳理。不同于重点题型的练习，需要全面的知识，要综合应用。必要时应复习基本概念、公式、定理，准确记忆。	在精研真题之后，用模拟卷练习，找漏洞，保持手感。不要掐时间、估分，遇到不会的题目，回归基础，翻看以前的学习笔记，把每道题吃透。

前言
PREFACE

为了更好地帮助考生准确理解和熟练运用考试大纲知识点的内容,使考生在完成基础阶段的复习后能进一步提高自身的解题能力和应试水平,编写团队依据多年的命题与阅卷经验,并汇集20多年的考研经典题目,精心编写了本书,以期使之成为考生冲刺考研数学高分的必备题集。

对于数学这门特殊的科目,一定量的习题练习是很有必要的,特别是对于历年考试所重点考查的内容和知识点,在复习中必须要重点关注、重点练习。我们特别根据历年来重点考查的知识点题型编写本书,希望考生能在复习后期,通过对这些重点、难点题型的练习,能有新的突破。

本书内容包括考纲所要求的全部知识点,题型设计为选择题、填空题和解答题。在题目的设置上,我们考虑将其作为《数学基础过关660题》的补充,旨在帮助考生在基本熟悉大纲知识点,有一定解题能力后,通过对一些经典题目的深入练习与理解,进一步提高考生的解题能力和应试水平。

从历年的考试结果所反映出的问题来看,部分考生对于数学的基本解题思想和方法并没有掌握,只熟悉了一些题型和解题的套路。只要是常规题型,大部分考生都能解答,而对于一些创新的、不常规的题型,很多考生就无从下手。因此,建议考生在使用本书时不仅仅要关注题目本身,更要多思考、多归纳总结,关注数学本质,把握题目背后的基础知识和基本原理,学会灵活变通地解决问题。通过本书给出的详细的解答过程,考生应归纳总结解题思路,学会举一反三。

另外,为了更好地帮助同学们进行复习,"李永乐考研数学辅导团队"特在新浪微博上开设了答疑专区,同学们在考研数学复习中,如若遇到任何问题,都可在线留言,团队老师将尽心为你解答。请访问 weibo. com@清华李永乐考研数学。

希望本书能对同学们的复习备考提供有意义的帮助。对书中不足和疏漏之处,恳请读者批评指正。

祝同学们复习顺利、心想事成、考研成功!

编　者
2024 年 3 月

图书中有疏漏之处即时更新
微信扫码查看

目录
CONTENTS

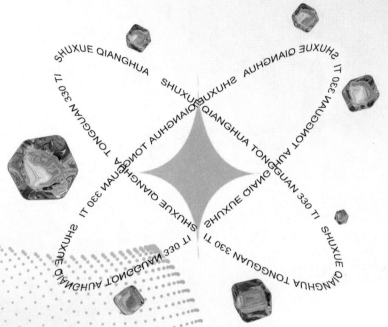

高等数学

填　空　题

 极限 $\lim\limits_{x \to 0^+} \dfrac{x^x - \sin^x x}{x^2 \arctan x} = $ _____.

建议答题时间 ≤ 5 min　　**评估** 熟练 ｜ 还可以 ｜ 有点难 ｜ 不会

 $\lim\limits_{x \to +\infty} \dfrac{\displaystyle\int_0^x \sqrt{t}\cos t\,\mathrm{d}t}{x} = $ _____.

建议答题时间 ≤ 4 min　　**评估** 熟练 ｜ 还可以 ｜ 有点难 ｜ 不会

3 设 $f(x)$ 是非负连续函数，且 $f(0) = 0, f'(0) = \dfrac{1}{2}$，则 $\displaystyle\lim_{x \to 0^+} \dfrac{\displaystyle\int_0^{\ln(1+x)} t f(t)\,\mathrm{d}t}{\left[\displaystyle\int_0^x \sqrt{f(t)}\,\mathrm{d}t\right]^2} = $ _____.

| 建议答题时间 | $\leqslant 5$ min | 评估 | 熟练 | 还可以 | 有点难 | 不会 |

答题区域

纠错笔记

4 当 $x \to \infty$ 时，$\left[\dfrac{\mathrm{e}}{\left(1 + \dfrac{1}{x}\right)^x}\right]^x - \sqrt{\mathrm{e}}$ 与 x^k 是同阶无穷小量，则 $k = $ _____.

| 建议答题时间 | $\leqslant 5$ min | 评估 | 熟练 | 还可以 | 有点难 | 不会 |

答题区域

纠错笔记

5 $\lim\limits_{x \to 0} \left(\dfrac{1 + \sin x \cos \alpha x}{1 + \sin x \cos \beta x} \right)^{\cot^3 x} = $ _____.

建议答题时间 $\leqslant 4$ min　　评估 | 熟练 | 还可以 | 有点难 | 不会

6 已知 $\lim\limits_{x \to 0} \dfrac{x - \sin x + f(x)}{x^4} = 1$，则 $\lim\limits_{x \to 0} \dfrac{x^3}{f(x)} = $ _____.

建议答题时间 $\leqslant 3$ min　　评估 | 熟练 | 还可以 | 有点难 | 不会

7 $\lim\limits_{n\to\infty}\dfrac{1}{n}\cdot\mid 1-2+3-\cdots+(-1)^{n+1}n\mid=$ _____.

建议答题时间 $\leqslant 5\ \text{min}$ **评估** 熟练 还可以 有点难 不会

✏️ 答题区域 ❗纠错笔记

8 $\lim\limits_{n\to\infty}\left(\dfrac{n}{n^3+1^2}+\dfrac{2n}{n^3+2^2}+\cdots+\dfrac{n^2}{n^3+n^2}\right)=$ _____.

建议答题时间 $\leqslant 3\ \text{min}$ **评估** 熟练 还可以 有点难 不会

✏️ 答题区域 ❗纠错笔记

9 $\lim\limits_{n\to\infty}\int_0^1 \arctan n\sqrt{x}\,\mathrm{d}x = \underline{\qquad}.$

建议答题时间 $\leqslant 3$ min　　评估 熟练 还可以 有点难 不会

10 设 $f(x)=\begin{cases} x^3+1, & x\leqslant 0,\\ \mathrm{e}^{-\frac{1}{x}}+1, & x>0, \end{cases}$ $y=f[f(x)]$, 则 $\dfrac{\mathrm{d}y}{\mathrm{d}x}\Big|_{x=-1} = \underline{\qquad}.$

建议答题时间 $\leqslant 4$ min　　评估 熟练 还可以 有点难 不会

11 已知函数 $y = f(x)$ 由方程 $e^y + 6xy + x^2 = 1$ 所确定，则 $f''(0) =$ _____.

| 建议答题时间 | $\leqslant 3$ min | | 评估 | 熟练 | 还可以 | 有点难 | 不会 |

纠错笔记

12 设 $x = 2\int_0^t e^{-s^2} ds$，$y = \int_0^t \sin(t-s)^2 ds$，则 $\dfrac{d^2 y}{dx^2}\bigg|_{t=\sqrt{\pi}} =$ _____.

| 建议答题时间 | $\leqslant 4$ min | | 评估 | 熟练 | 还可以 | 有点难 | 不会 |

纠错笔记

13 已知曲线 $y = f(x)$ 在点 $(0,1)$ 处的切线与曲线 $y = \ln x$ 相切，则 $\lim\limits_{x \to 0} \dfrac{f(\sin x) - 1}{x + \sin x} =$
_____.

14 曲线 $y + xy - \mathrm{e}^x + \mathrm{e}^y = 0$ 在点 $(0, y(0))$ 处的曲率为_____.

15 曲线 $x^3 + y^3 = y^2$ 的斜渐近线方程为_____.

16 $\int \dfrac{\ln(1-x^2)}{x^2\sqrt{1-x^2}}dx = $ _____.

17 已知 $y'(x) = \cos(1-x)^2$，且 $y(0) = 0$，则 $\int_0^1 y(x)\mathrm{d}x = $ _____．

建议答题时间 $\leqslant 5$ min　　　　**评估** | 熟练 | 还可以 | 有点难 | 不会 |

答题区域　　　　　　　　　　　　　纠错笔记

18 $\int_0^{2\pi} |\sin^2 x - \cos^2 x|\, \mathrm{d}x = $ _____．

建议答题时间 $\leqslant 3$ min　　　　**评估** | 熟练 | 还可以 | 有点难 | 不会 |

答题区域　　　　　　　　　　　　　纠错笔记

19 $I = \int_{-1}^{1} \dfrac{\mathrm{d}x}{(1+\mathrm{e}^x)(1+x^2)} = \underline{\hspace{2cm}}$.

建议答题时间 $\leqslant 5$ min **评估** 熟练 | 还可以 | 有点难 | 不会

20 设 $f(x) = \begin{cases} \mathrm{e}^x, & x \leqslant 0, \\ \ln x, & x > 0, \end{cases}$ 则 $\int_{-1}^{x} t f(t)\,\mathrm{d}t = \underline{\hspace{2cm}}$.

建议答题时间 $\leqslant 5$ min **评估** 熟练 | 还可以 | 有点难 | 不会

21 已知 $f'(x) \cdot \displaystyle\int_0^2 f(x)\mathrm{d}x = 8$，且 $f(0) = 0, f(x) \geqslant 0$，则 $f(x) =$ _____.

 建议答题时间 $\leqslant 5\ \mathrm{min}$　　 评估　熟练｜还可以｜有点难｜不会

22 若函数 $f(x)$ 满足微分方程 $f''(x) + af'(x) + f(x) = 0$，其中 $a = 2\displaystyle\int_0^2 \sqrt{2x - x^2}\,\mathrm{d}x$，

$f(0) = \alpha, f'(0) = \beta$，则 $\displaystyle\int_0^{+\infty} f(x)\mathrm{d}x =$ _____.

 建议答题时间 $\leqslant 5\ \mathrm{min}$　　 评估　熟练｜还可以｜有点难｜不会

23 曲线 $y = \dfrac{x^2}{1+x^2}$ 与其渐近线围成区域绕其渐近线旋转所得旋转体体积 $V =$ _____.

 建议答题时间 $\leqslant 4$ min　　 评估　熟练｜还可以｜有点难｜不会

答题区域　　　　　　　　　　纠错笔记

24 曲线 $y = e^{-x} \sqrt{\sin x}\,(x \geqslant 0)$ 与 x 轴围成区域绕 x 轴旋转一周所得旋转体体积为 _____.

建议答题时间 $\leqslant 4$ min　　评估　熟练｜还可以｜有点难｜不会

答题区域　　　　　　　　　　纠错笔记

25 曲线 $y = x^2$, x 轴与 $x = 1$ 围成的曲边三角形绕 x 轴旋转一周产生的旋转体的形心 x 坐标等于_____.

| 建议答题时间 | $\leqslant 3$ min | 评估 | 熟练 | 还可以 | 有点难 | 不会 |

答题区域

纠错笔记

26 常数 $a > 0$, 心形线 $r = a(1 + \cos\theta)$ 一周的长度 = _____.

| 建议答题时间 | $\leqslant 4$ min | 评估 | 熟练 | 还可以 | 有点难 | 不会 |

答题区域

纠错笔记

27 在 xOy 平面内，过原点且与直线 $\dfrac{x-2}{3} = \dfrac{y+1}{2} = \dfrac{z-5}{1}$ 垂直的直线方程为_____.

| 建议答题时间 | $\leqslant 2$ min | | 评估 | 熟练 | 还可以 | 有点难 | 不会 |

28 直线 $L: \dfrac{x-1}{1} = \dfrac{y}{1} = \dfrac{z-1}{1}$ 在平面 $\Pi: x - y + 2z - 1 = 0$ 上的投影直线 L_0 绕 y 轴旋转一周所成的曲面方程为_____.

| 建议答题时间 | $\leqslant 4$ min | | 评估 | 熟练 | 还可以 | 有点难 | 不会 |

29　设 $z = (x^2 \sin y^5 + x^3)(2x^3 + \tan y^4)^{\frac{y^3}{x^2} + e^{x^5 y^6}}$，则 $\dfrac{\partial z}{\partial x}\Big|_{(1,0)} = $ _____.

30　设 $f(x,y)$ 在 $(0,0)$ 点连续，且 $\lim\limits_{(x,y) \to (0,0)} \dfrac{f(x,y) + 3x - 4y}{x^2 + y^2} = 0$，则 $2f'_x(0,0) + f'_y(0,0) = $ _____.

31 曲面 $z = x^2 + y^2$ 与平面 $2x + 4y - z = 0$ 平行的切平面方程是_____.

建议答题时间 $\leqslant 3$ min

评估 熟练 还可以 有点难 不会

答题区域

纠错笔记

32 函数 $f(x,y)$ 满足 $f(1,1) = 0$，且 $f'_x(x,y) = 2x - 2xy^2, f'_y(x,y) = 4y - 2x^2y$，则函数 $f(x,y)$ 的极小值为_____.

建议答题时间 $\leqslant 5$ min

评估 熟练 还可以 有点难 不会

答题区域

纠错笔记

33 设 $z(x,y) = \int_0^x \mathrm{d}t \int_t^x f(t+y)g(yu)\,\mathrm{d}u$，其中 f 连续，g 有连续的一阶导数，则 $\dfrac{\partial^2 z}{\partial x \partial y} =$ _____．

建议答题时间 $\leqslant 2\ \mathrm{min}$　　**评估**　熟练　还可以　有点难　不会

34 D 是由曲线 $y = -a + \sqrt{a^2-x^2}\ (a>0)$ 和直线 $y=-x$ 所围成的平面区域，则二重

积分 $\iint\limits_{D} \dfrac{\sqrt{x^2+y^2}}{\sqrt{4a^2-x^2-y^2}}\,\mathrm{d}x\mathrm{d}y =$ _____．

建议答题时间 $\leqslant 5\ \mathrm{min}$　　**评估**　熟练　还可以　有点难　不会

35 设 $a > 0, f(x) = g(x) = \begin{cases} a, & 0 \leqslant x \leqslant 1, \\ 0, & \text{其他}. \end{cases}$ D 表示全平面，则 $\iint\limits_{D} f(x) g(y - x) \mathrm{d}x \mathrm{d}y = $ _____.

| 建议答题时间 | $\leqslant 2\ \text{min}$ | 评估 | 熟练 | 还可以 | 有点难 | 不会 |

答题区域

纠错笔记

36 设 Ω 是由 $z = x^2 + y^2$ 和 $z = 1$ 所围成的空间体，则 $I = \iiint\limits_{\Omega} (x + 2y + z)^2 \mathrm{d}v = $ _____.

| 建议答题时间 | $\leqslant 2\ \text{min}$ | 评估 | 熟练 | 还可以 | 有点难 | 不会 |

答题区域

纠错笔记

37 有一金属丝呈半圆形 $L:\begin{cases} x = a\cos t, \\ y = a\sin t \end{cases} (0 \leqslant t \leqslant \pi)$，其上每一点的密度都等于该点的纵坐标，则该金属丝的质量为_____．

38 Σ 是几何体 $V = \{(x,y,z) \mid |x| \leqslant 1, |y| \leqslant 2, |z| \leqslant 3\}$ 边界曲面的外侧，则 $I = \oiint\limits_{\Sigma} \dfrac{x\,\mathrm{d}y\mathrm{d}z + y\,\mathrm{d}z\mathrm{d}x + z\,\mathrm{d}x\mathrm{d}y}{(x^2 + y^2 + z^2)^{\frac{3}{2}}} = $_____．

39 上半球面 $\Sigma: z = \sqrt{1 - x^2 - y^2}$ 的形心为_____．

40 设曲线 Γ 为 $x^2+y^2+z^2=a^2(z\geqslant 0,a>0)$ 与 $x^2+y^2=ax$ 的交线,从 x 轴正向看去为逆时针方向.则曲线积分 $I=\oint_{\Gamma}y^2\mathrm{d}x+z^2\mathrm{d}y+x^2\mathrm{d}z=$ _____.

建议答题时间 $\leqslant 2$ min　　评估　熟练　还可以　有点难　不会

41 设 $\oint_L 2[x\varphi(y)+\psi(y)]\mathrm{d}x+[x^2\psi(y)+2xy^2-2x\varphi(y)]\mathrm{d}y=0$,其中 L 为平面上任意一条简单光滑闭曲线,$\varphi(y),\psi(y)$ 在 $(-\infty,+\infty)$ 内有连续导数,且 $\varphi(0)=-2,\psi(0)=1$,则 $\varphi(y)=$ _____,$\psi(y)=$ _____.

建议答题时间 $\leqslant 5$ min　　评估　熟练　还可以　有点难　不会

42 若幂级数 $\sum_{n=1}^{\infty}a^{n^2}x^n(a>0)$ 的收敛域为 $(-\infty,+\infty)$,则 a 应满足_____.

建议答题时间 $\leqslant 3$ min　　评估　熟练　还可以　有点难　不会

43 已知级数 $\sum\limits_{n=2}^{\infty} \ln\left(1 + \dfrac{(-1)^n}{n^p}\right)(p > 0)$ 条件收敛,则 p 的取值范围为 _____.

建议答题时间 ≤ 4 min **评估** 熟练 | 还可以 | 有点难 | 不会

答题区域　　　　　**纠错笔记**

44 设 $f(x) = \begin{cases} -2x, & -1 < x \leqslant 0, \\ 1 + x^2, & 0 < x \leqslant 1, \end{cases}$ 则其以 2 为周期的傅里叶级数在点 $x = 1$ 处收

敛于 _____,点 $x = \dfrac{1}{2}$ 处收敛于 _____,点 $x = 0$ 处收敛于 _____.

建议答题时间 ≤ 3 min **评估** 熟练 | 还可以 | 有点难 | 不会

答题区域　　　　　**纠错笔记**

45 设 $f(x) = \begin{cases} x, & 0 \leqslant x < 1, \\ 2x, & 1 \leqslant x \leqslant 2, \end{cases}$ $S(x) = \sum\limits_{n=1}^{\infty} b_n \sin\dfrac{n\pi x}{2}$,其中 $b_n = \displaystyle\int_0^2 f(x) \sin\dfrac{n\pi x}{2}\mathrm{d}x$,则

$S(-1) =$ _____.

建议答题时间 ≤ 3 min **评估** 熟练 | 还可以 | 有点难 | 不会

答题区域　　　　　**纠错笔记**

46 已知 $f(x)$ 是微分方程 $xf'(x) - f(x) = \sqrt{2x - x^2}$ 满足初始条件 $f(1) = 0$ 的特解,则积分 $\int_0^1 f(x)\mathrm{d}x = $ _____.

建议答题时间 $\leqslant$ 3 min   评估   熟练 | 还可以 | 有点难 | 不会

答题区域   纠错笔记

47 $xy' = y(\ln y - \ln x)$ 的通解为 _____.

建议答题时间 $\leqslant$ 4 min   评估   熟练 | 还可以 | 有点难 | 不会

答题区域   纠错笔记

48 $\dfrac{\mathrm{d}y}{\mathrm{d}x} = \dfrac{y}{x + y^2}$ 的通解为 _____.

建议答题时间 $\leqslant$ 4 min   评估   熟练 | 还可以 | 有点难 | 不会

答题区域   纠错笔记

49 微分方程 $y'' + y = 2e^x + 4\sin x$ 满足 $\lim\limits_{x \to 0} \dfrac{y(x)}{\ln(x + \sqrt{1 + x^2})} = 0$ 的特解为 _____.

建议答题时间 $\leqslant 5$ min　　**评估** 熟练 还可以 有点难 不会

 答题
区域

纠错
笔记

50 设 $y = (C_1 + x)e^x + C_2 e^{-x}$ 是 $y'' + ay' + by = g e^{\alpha x}$ 的通解,则常数 a, b, c, g 分别是
_____,_____,_____,_____.

建议答题时间 $\leqslant 3$ min　　**评估** 熟练 还可以 有点难 不会

 答题
区域

纠错
笔记

选 择 题

51　设定义在$(-\infty, +\infty)$上的连续函数$f(x)$的图形关于$x=0$与$x=1$均对称，则下列命题中，正确命题为

① 若$\int_0^1 f(x)\mathrm{d}x = 0$，则$\int_0^x f(t)\mathrm{d}t$ 为周期函数.

② 若$\int_0^2 f(x)\mathrm{d}x = 0$，则$\int_0^x f(t)\mathrm{d}t$ 为周期函数.

③ $\int_0^x f(t)\mathrm{d}t - x\int_0^2 f(t)\mathrm{d}t$ 为周期函数.

④ $\int_0^x f(t)\mathrm{d}t - \dfrac{x}{2}\int_0^2 f(t)\mathrm{d}t$ 为周期函数.

(A)②③.　　　　(B)②④.　　　　(C)①②③.　　　　(D)①②④.

| 建议答题时间 | $\leqslant$ 5 min | | 评估 | 熟练 | 还可以 | 有点难 | 不会 |

52　若$\lim\limits_{n\to\infty}\dfrac{n^a}{(n+1)^b - n^b} = 2024$，则

(A)$a = -\dfrac{2023}{2024}, b = \dfrac{1}{2024}$.　　　　(B)$a = \dfrac{2023}{2024}, b = -\dfrac{1}{2024}$.

(C)$a = \dfrac{2023}{2024}, b = \dfrac{1}{2024}$.　　　　(D)$a = -\dfrac{2023}{2024}, b = -\dfrac{1}{2024}$.

| 建议答题时间 | $\leqslant$ 3 min | | 评估 | 熟练 | 还可以 | 有点难 | 不会 |

53 设函数 $\varphi(x) = \begin{cases} x^2\left(2 + \sin\dfrac{1}{x}\right), & x \neq 0, \\ 0, & x = 0, \end{cases}$ 且函数 $f(x)$ 在 $x = 0$ 处可导,则函数

$f(\varphi(x))$ 在 $x = 0$ 处

(A) 不连续.　　　　　　　　　　(B) 连续但不可导.

(C) 可导且导数为 0.　　　　　　　(D) 可导且导数不为 0.

建议答题时间 $\leqslant 4$ min　　　评估　熟练　还可以　有点难　不会

答题区域　　　　　　　　　　　　　纠错笔记

54 设 $\alpha_1 = \ln(1+x) + \ln(1-x)$, $\alpha_2 = 2^{x^4+x} - 1$, $\alpha_3 = \sqrt{1+\tan x} - \sqrt{1+\sin x}$. 当 $x \to 0$ 时,以上 3 个无穷小量按照从低阶到高阶的排序是

(A) $\alpha_1, \alpha_2, \alpha_3$.　　(B) $\alpha_2, \alpha_1, \alpha_3$.　　(C) $\alpha_1, \alpha_3, \alpha_2$.　　(D) $\alpha_2, \alpha_3, \alpha_1$.

建议答题时间 $\leqslant 5$ min　　　评估　熟练　还可以　有点难　不会

55 已知 $f(x)$ 在 x_0 处连续，$g(x)$ 在 x_0 处间断．则下列函数中在 x_0 处间断的是

(A) $f(g(x))$.   (B) $g(f(x))$.   (C) $g^2(x)$.   (D) $e^{f(x)}g(x)$.

建议答题时间 $\leqslant 3$ min   **评估** | 熟练 | 还可以 | 有点难 | 不会 |

答题区域

纠错笔记

56 下述命题正确的是

(A) 设 $f(x)$ 与 $g(x)$ 均在 x_0 处不连续，则 $f(x)g(x)$ 在 x_0 处必不连续．

(B) 设 $g(x)$ 在 x_0 处连续，$f(x_0) = 0$，则 $\lim\limits_{x \to x_0} f(x)g(x) = 0$.

(C) 设在 $x = x_0$ 的去心左邻域内 $f(x) < g(x)$，且 $\lim\limits_{x \to x_0^-} f(x) = a$，$\lim\limits_{x \to x_0^-} g(x) = b$，
则必有 $a < b$.

(D) 设 $\lim\limits_{x \to x_0^-} f(x) = a$，$\lim\limits_{x \to x_0^-} g(x) = b$，$a < b$，则必存在 $x = x_0$ 的去心左邻域，
使 $f(x) < g(x)$.

建议答题时间 $\leqslant 5$ min   **评估** | 熟练 | 还可以 | 有点难 | 不会 |

答题区域

纠错笔记

57 $x = 0$ 是 $f(x) = \dfrac{2}{1 + e^{\frac{1}{x}}} + \dfrac{\sin x}{|x|}$ 的

(A) 跳跃间断点. (B) 可去间断点. (C) 无穷间断点. (D) 振荡间断点.

答题区域

纠错笔记

58 已知 $x = 0$ 是函数 $f(x) = \dfrac{ax - \ln(1 + x)}{x + b\sin x}$ 的可去间断点，则常数 a, b 的取值范围是

(A) $a = 1, b$ 为任意实数. (B) $a \neq 1, b$ 为任意实数.

(C) $b = -1, a$ 为任意实数. (D) $b \neq -1, a$ 为任意实数.

答题区域

纠错笔记

59 设函数 $f(x) = \begin{cases} \arctan\dfrac{x+1}{x-1} + a, & x > 1, \\ c, & x = 1, \\ \arctan\dfrac{x+1}{x-1} + b, & x < 1 \end{cases}$ 可导，则 $f'(1) =$

(A) $-\dfrac{1}{2}$.　　　　(B) $\dfrac{1}{2}$.　　　　(C) 1.　　　　(D) 与 a, b 的值有关.

建议答题时间 ≤ 5 min　　　**评估** 熟练 还可以 有点难 不会

60 若 $f(x)$ 为区间 I 上的连续函数，且 $f(x)$ 的值域包含于 I，x_1, x_2 为 I 中任意两个不同的点，则

(A) 若在区间 I 上，$f(x) < 0, f''(x) > 0$，则 $f^2\left(\dfrac{x_1+x_2}{2}\right) < \dfrac{f^2(x_1)+f^2(x_2)}{2}$.

(B) 若在区间 I 上，$f'(x) < 0, f''(x) > 0$，则 $f^2\left(\dfrac{x_1+x_2}{2}\right) < \dfrac{f^2(x_1)+f^2(x_2)}{2}$.

(C) 若在区间 I 上，$f(x) > 0, f''(x) > 0$，则 $f\left(f\left(\dfrac{x_1+x_2}{2}\right)\right) < \dfrac{f(f(x_1))+f(f(x_2))}{2}$.

(D) 若在区间 I 上，$f'(x) > 0, f''(x) > 0$，则 $f\left(f\left(\dfrac{x_1+x_2}{2}\right)\right) < \dfrac{f(f(x_1))+f(f(x_2))}{2}$.

建议答题时间 ≤ 5 min　　　**评估** 熟练 还可以 有点难 不会

61 设有命题

① 若 $f(x)$ 在 x_0 处可导,则 $|f(x)|$ 在 x_0 处可导.

② 若 $|f(x)|$ 在 x_0 处可导,则 $f(x)$ 在 x_0 处可导.

③ 若 $f(x)$ 在 x_0 处可导,且 $f(x_0)=0$,$f'(x_0)\neq 0$,则 $|f(x)|$ 在 x_0 处不可导.

④ 若 $f(x)$ 在 x_0 处连续,且 $|f(x)|$ 在 x_0 处可导,则 $f(x)$ 在 x_0 处可导.

则上述命题中正确的个数为

(A)0.   (B)1.   (C)2.   (D)3.

建议答题时间 $\leqslant 5$ min   **评估** 熟练 | 还可以 | 有点难 | 不会

答题区域   纠错笔记

62 下列 4 个命题

① 若 $f(x)$ 在 $x=a$ 处连续,且 $|f(x)|$ 在 $x=a$ 处可导,则 $f(x)$ 在 $x=a$ 处必可导.

② 设 $\varphi(x)$ 在 $x=a$ 的某邻域内有定义,且 $\lim\limits_{x\to a}\varphi(x)$ 存在,则 $f(x)=(x-a)\varphi(x)$ 在 $x=a$ 处必可导.

③ 设 $\varphi(x)$ 在 $x=a$ 的某邻域内有定义,且 $\lim\limits_{x\to a}\varphi(x)$ 存在,则 $f(x)=|x-a|\varphi(x)$ 在 $x=a$ 处必可导.

④ 若 $f(x)$ 在 $x=a$ 的某邻域内有定义,且 $\lim\limits_{x\to 0}\dfrac{f(a+x)-f(a-x)}{x}$ 存在,则 $f(x)$ 在 $x=a$ 处必可导.

正确的命题为

(A)①与②.   (B)③与④.   (C)①与③.   (D)②与④.

建议答题时间 $\leqslant 5$ min   **评估** 熟练 | 还可以 | 有点难 | 不会

    纠错笔记

63 设函数 $f(x) = \lim\limits_{n \to \infty} \sqrt[n]{2 + (2x)^n + x^{2n}}, x \in (0, +\infty)$，则 $f(x)$ 在区间 $(0, +\infty)$ 内不可导的点的个数为

(A)0.   (B)1.   (C)2.   (D)3.

| 建议答题时间 | ≤ 4 min | | 评估 | 熟练 | 还可以 | 有点难 | 不会 |

64 设 $f(x), g(x)$ 定义在 $(-1, 1)$ 上，且都在 $x = 0$ 处连续，若 $f(x) = \begin{cases} \dfrac{g(x)}{x}, & x \neq 0, \\ 2, & x = 0, \end{cases}$ 则

(A)$g(0) = 0$ 且 $g'(0) = 0$.   (B)$g(0) = 0$ 且 $g'(0) = 1$.

(C)$g(0) = 0$ 且 $g'(0) = 2$.   (D)$g(0) = 1$ 且 $g'(0) = 0$.

| 建议答题时间 | ≤ 3 min | | 评估 | 熟练 | 还可以 | 有点难 | 不会 |

65 设严格单调函数 $y = f(x)$ 有二阶连续导数,其反函数为 $x = \varphi(y)$,且 $f(1) = 2$, $f'(1) = 2, f''(1) = 3$,则 $\varphi''(2)$ 等于

(A) $\frac{1}{3}$.   (B) -3.   (C) $\frac{3}{8}$.   (D) $-\frac{3}{8}$.

建议答题时间 $\leqslant 4$ min   **评估** | 熟练 | 还可以 | 有点难 | 不会 |

答题区域

纠错笔记

66 设函数 $f(x)$ 可导,且 $\dfrac{f(x)}{f'(x)} > 0$,则

(A) $f(1) > f(0)$.   (B) $f(1) < f(0)$.   (C) $\left| \dfrac{f(1)}{f(0)} \right| < 1$.   (D) $\left| \dfrac{f(1)}{f(0)} \right| > 1$.

建议答题时间 $\leqslant 4$ min   **评估** | 熟练 | 还可以 | 有点难 | 不会 |

答题区域

纠错笔记

67 设 $0 < x < \dfrac{\pi}{4}$, $f(x) = \dfrac{\tan x}{x}$, $g(x) = \left(\dfrac{\tan x}{x}\right)^2$, $h(x) = \dfrac{\tan x^2}{x^2}$，以下结论正确的是

(A) $f(x) > g(x) > h(x)$.   (B) $h(x) > g(x) > f(x)$.

(C) $g(x) > f(x) > h(x)$.   (D) $f(x) > h(x) > g(x)$.

建议答题时间 ≤ 5 min   评估 熟练 还可以 有点难 不会

68 设函数 $f(x)$ 在 $[1,2]$ 上有二阶导数, $f(1) = f(2) = 0$, $F(x) = (x-1)^2 f(x)$，则 $F''(x)$ 在 $(1,2)$ 内

(A) 没有零点.   (B) 至少有一个零点.

(C) 有两个零点.   (D) 有且仅有一个零点.

建议答题时间 ≤ 5 min   评估 熟练 还可以 有点难 不会

69 设函数 $f(x)$ 在 $x=2$ 处连续，且 $\lim\limits_{x\to 0}\dfrac{\ln[f(x+2)+e^{x^2}]}{1-\cos x}=4$，则 $x=2$ 是 $f(x)$ 的

(A) 不可导点.　　　　　　　　　(B) 驻点且是极大值点.

(C) 驻点且是极小值点.　　　　　(D) 可导的点但不是驻点.

建议答题时间 $\leqslant 5$ min　　　　**评估**　熟练　还可以　有点难　不会

70 设函数 $f(x)=\left|2x^3-9x^2+12x-3\right|$ 的驻点个数为 m，极值点的个数为 n，则

(A)$m=1,n=1$.　　　　　　　　(B)$m=2,n=2$.

(C)$m=2,n=3$.　　　　　　　　(D)$m=3,n=2$.

建议答题时间 $\leqslant 5$ min　　　　**评估**　熟练　还可以　有点难　不会

71 下述论断正确的是

(A) 设 $f(x)$ 在 $(-\infty, +\infty)$ 上有定义, 除 $x = 0$ 外均可导, 且 $f'(x) > 0$, 则 $f(x)$ 在 $(-\infty, +\infty)$ 上是严格单调增加的.

(B) 设 $f(x)$ 为偶函数且 $x = 0$ 是 $f(x)$ 的极值点, 则 $f'(0) = 0$.

(C) 设 $f(x)$ 在 $x = x_0$ 处二阶导数存在, 且 $f''(x_0) > 0$, 则 $x = x_0$ 是 $f(x)$ 的极小值点.

(D) 设 $f(x)$ 在 $x = x_0$ 处三阶导数存在, 且 $f'(x_0) = 0$, $f''(x_0) = 0$, $f'''(x_0) \neq 0$, 则 $x = x_0$ 一定不是 $f(x)$ 的极值点.

建议答题时间 $\leqslant 5$ min　　评估　熟练　还可以　有点难　不会

 答题区域　　　纠错笔记

72 设 $f(x)$ 有二阶连续导数, 且 $\lim\limits_{x \to 0} \dfrac{f''(x)}{x} = -1$, 则

(A) $f(0)$ 是 $f(x)$ 的极小值.　　(B) $f(0)$ 是 $f(x)$ 的极大值.

(C) $(0, f(0))$ 是曲线 $y = f(x)$ 的拐点.　(D) $x = 0$ 是驻点, 但 $f(0)$ 不是极值.

建议答题时间 $\leqslant 3$ min　　评估　熟练　还可以　有点难　不会

 答题区域　　　纠错笔记

73 设 $f(x)$ 在点 x_0 处连续,且 $\lim\limits_{x \to x_0}[1+|f(x)|+e^{\frac{-(x-x_0)^4}{[f(x)-(x-x_0)^2]^2}}]=1$,则

(A)x_0 不是 $f(x)$ 的驻点.　　　　　(B)x_0 是 $f(x)$ 的驻点,但不是极值点.

(C)x_0 是 $f(x)$ 的极大值点.　　　　(D)x_0 是 $f(x)$ 的极小值点.

建议答题时间 $\leqslant 5$ min | **评估** | 熟练 | 还可以 | 有点难 | 不会

 答题区域

纠错笔记

74 曲线 $y=\dfrac{1+x}{1-e^{-x}}$ 的渐近线的条数为

(A)0.　　　　　　(B)1.　　　　　　(C)2.　　　　　　(D)3.

建议答题时间 $\leqslant 4$ min | **评估** | 熟练 | 还可以 | 有点难 | 不会

答题区域

纠错笔记

75　设数列 $\{a_n\}$ 满足 $a_n = \sqrt[n]{n}, n = 1, 2, \cdots$，则下列命题中，正确的是

(A) 数列 $\{a_n\}$ 能取到最小值，但取不到最大值.

(B) 数列 $\{a_n\}$ 能取到最大值，但取不到最小值.

(C) 数列 $\{a_n\}$ 既能取到最大值，又能取到最小值.

(D) 数列 $\{a_n\}$ 既不能取到最大值，又不能取到最小值.

建议答题时间 $\leqslant 5$ min　　**评估**　熟练　还可以　有点难　不会

答题区域　　　　　　　　**纠错笔记**

76　设函数 $f(x) = \int_0^x (t^2 - 4t + 3)\mathrm{e}^{t^2}\,\mathrm{d}t, x \in [0,3]$，则下列命题中，正确的是

(A) $f(x)$ 为单调函数.　　　　(B) $4\mathrm{e} - 9$ 为 $f(x)$ 的一个上界.

(C) $f(x)$ 的最小值为 0.　　　(D) $f(x)$ 不存在最大值.

建议答题时间 $\leqslant 5$ min　　**评估**　熟练　还可以　有点难　不会

答题区域　　　　　　　　**纠错笔记**

77 设 $(-\infty, +\infty)$ 上的非负连续函数 $f(x)$ 满足 $f(x)f(1-x)=1$,则 $\int_0^1 \dfrac{\left|x-\dfrac{1}{2}\right|}{1+f(x)}\mathrm{d}x =$

(A) $\dfrac{1}{16}$.　　　　(B) $\dfrac{1}{8}$.　　　　(C) $\dfrac{1}{4}$.　　　　(D) $\dfrac{1}{2}$.

建议答题时间 $\leqslant 5$ min　　　　**评估**　熟练　还可以　有点难　不会

 答题区域　　　　⚠ 纠错笔记

78 若 $\dfrac{\sin \xi}{\xi}, \dfrac{\sin \eta}{\eta}$ 分别为 $\dfrac{\sin x}{x}$ 在 $(0,1)$ 和 $(0,a)(0 < a < 1)$ 上的平均值,其中 $\xi \in (0,1), \eta \in (0,a)$,则 ξ 与 η 的大小关系为

(A) $\xi < \eta$.　　　　　　　　(B) $\xi = \eta$.

(C) $\xi > \eta$.　　　　　　　　(D) 从已知条件无法确定.

建议答题时间 $\leqslant 5$ min　　　　**评估**　熟练　还可以　有点难　不会

答题区域　　　　⚠ 纠错笔记

79 下列反常积分发散的是

(A) $\int_0^{+\infty} \frac{1}{\sqrt{x}(1+x)} dx.$

(B) $\int_1^{+\infty} \frac{1}{x\sqrt{x^2-1}} dx.$

(C) $\int_0^1 \frac{1}{e^{\sqrt{x}}-1} dx.$

(D) $\int_0^{\frac{\pi}{2}} \frac{1}{\sin x \cos x} dx.$

建议答题时间 $\leqslant 5$ min | 评估 | 熟练 | 还可以 | 有点难 | 不会

80 关于反常积分 $\int_1^{+\infty} \frac{dx}{(\ln x)^m(1+x^n)}(m>0,n>0)$，下列命题中，正确的是

(A) 若该积分发散，则必有 $0<m<1, 0<n<1.$

(B) 若该积分收敛，则必有 $0<m<1, n>1.$

(C) 若该积分发散，则必有 $m\geqslant 1, 0<n<1.$

(D) 若该积分收敛，则必有 $m\geqslant 1, n>1.$

建议答题时间 $\leqslant 5$ min | 评估 | 熟练 | 还可以 | 有点难 | 不会

81 设 $f(x)$ 在 $(-\infty,+\infty)$ 内连续,下述 4 个命题

① 对任意正常数 a,$\int_{-a}^{a} f(x)\mathrm{d}x = 0 \Leftrightarrow f(x)$ 为奇函数.

② 对任意正常数 a,$\int_{-a}^{a} f(x)\mathrm{d}x = 2\int_{0}^{a} f(x)\mathrm{d}x \Leftrightarrow f(x)$ 为偶函数.

③ 对任意正常数 a 及常数 $\omega > 0$,$\int_{a}^{a+\omega} f(x)\mathrm{d}x$ 与 a 无关 $\Leftrightarrow f(x)$ 有周期 ω.

④ $\int_{0}^{x} f(t)\mathrm{d}t$ 对 x 有周期 $\omega \Leftrightarrow \int_{0}^{\omega} f(t)\mathrm{d}t = 0$.

正确的命题个数为

(A)4 个.　　　　(B)3 个.　　　　(C)2 个.　　　　(D)1 个.

建议答题时间 $\leqslant 5$ min　　评估　熟练 | 还可以 | 有点难 | 不会

82 设函数 $f(x)$ 连续且以 T 为周期,则下列函数中以 T 为周期的函数为

(A)$\int_{0}^{x} f(t)\mathrm{d}t.$

(B)$\int_{-x}^{0} f(t)\mathrm{d}t.$

(C)$\int_{0}^{x} f(t)\mathrm{d}t - \int_{-x}^{0} f(t)\mathrm{d}t.$

(D)$\int_{0}^{x} f(t)\mathrm{d}t + \int_{-x}^{0} f(t)\mathrm{d}t.$

建议答题时间 $\leqslant 5$ min　　评估　熟练 | 还可以 | 有点难 | 不会

83 设 $f(x)$ 在 $x = 0$ 的某个邻域内有定义，且 $f(0) = 0$，若 $\lim\limits_{x \to 0} \dfrac{1 - \cos x^2}{f(x)\displaystyle\int_0^x \ln(1 + t^2)\mathrm{d}t} = 3$，则

$f(x)$ 在 $x = 0$ 处

    （A）不连续.
    （B）连续但不可导.

    （C）可导且 $f'(0) = 2$.
    （D）可导且 $f'(0) = \dfrac{1}{2}$.

 建议答题时间 $\leqslant 5$ min
 评估   熟练   还可以   有点难   不会

答题区域

纠错笔记

84 设 $f(x) = \begin{cases} \mathrm{e}^x, & x \leqslant 0, \\ x^2 + a, & x > 0, \end{cases}$ 则 $F(x) = \displaystyle\int_{-1}^x f(t)\mathrm{d}t$ 在 $x = 0$ 处

    （A）极限存在但不连续.
    （B）连续但不可导.

    （C）可导.
    （D）是否可导与 a 的取值有关.

 建议答题时间 $\leqslant 5$ min
 评估   熟练   还可以   有点难   不会

答题区域

纠错笔记

85 设 $M = \int_{-\frac{\pi}{4}}^{\frac{\pi}{4}} \left(\frac{\tan x}{1+x^4} + x^8 \right) \mathrm{d}x$, $N = \int_{-\frac{\pi}{4}}^{\frac{\pi}{4}} \left[\sin^8 x + \ln(x + \sqrt{x^2+1}) \right] \mathrm{d}x$, $P = \int_{-\frac{\pi}{4}}^{\frac{\pi}{4}} (\tan^4 x +$
$\mathrm{e}^x \cos x - \mathrm{e}^{-x} \cos x) \mathrm{d}x$, 则有

(A)$P > N > M$.　　(B)$N > P > M$.　　　(C)$N > M > P$.　　　(D)$P > M > N$.

建议答题时间 $\leqslant 5$ min　　　　　　　　　　　　　　**评估** 熟练 还可以 有点难 不会

答题区域　　　　　　　　　　　　　　　　　　　　纠错笔记

86 设 $f(x) = \int_{-1}^{x} t\cos t \mathrm{d}t$, $x \in \left(-\frac{\pi}{2}, \frac{\pi}{2} \right)$, 则曲线 $y = f(x)$ 与 x 轴所围图形的面积为

(A)$2\int_{0}^{1} x\sin x \mathrm{d}x$.　　　　　　　　　(B)$2\int_{0}^{1} x^2 \sin x \mathrm{d}x$.

(C)$2\int_{0}^{1} x\cos x \mathrm{d}x$.　　　　　　　　　(D)$2\int_{0}^{1} x^2 \cos x \mathrm{d}x$.

建议答题时间 $\leqslant 5$ min　　　　　　　　　　　　　　**评估** 熟练 还可以 有点难 不会

答题区域　　　　　　　　　　　　　　　　　　　　纠错笔记

87 记曲线 $\begin{cases} x = a(t - \sin t), \\ y = a(1 - \cos t) \end{cases}$ $(a > 0, 0 \leqslant t \leqslant 2\pi)$ 与 x 轴所围区域为 D. D 绕 x 轴旋转

一周所得旋转体体积为 V_1，绕直线 $y = 2a$ 旋转一周所得旋转体体积为 V_2，则

(A)$V_1 < V_2$.

(B)$V_1 = V_2$.

(C)$V_1 > V_2$.

(D)V_1, V_2 的大小关系与 a 有关.

建议答题时间 $\leqslant 5$ min

评估 熟练 还可以 有点难 不会

纠错笔记

88 设在区间 $[-1,1]$ 上，$|f(x)| \leqslant x^2$，$f''(x) > 0$，记 $I = \int_{-1}^{1} f(x) \mathrm{d}x$，则

(A)$I = 0$.

(B)$I > 0$.

(C)$I < 0$.

(D)I 的正负不确定.

建议答题时间 $\leqslant 5$ min

评估 熟练 还可以 有点难 不会

纠错笔记

89 下列结论正确的是

(A) $\int_{-\infty}^{+\infty} \dfrac{x}{1+x^2}\mathrm{d}x = 0.$ (B) $\int_{-\infty}^{+\infty} \dfrac{x}{(1+x^2)^2}\mathrm{d}x = 0.$

(C) $\int_{-1}^{1} \dfrac{1}{\sin x}\mathrm{d}x = 0.$ (D) $\int_{-\infty}^{+\infty} \mathrm{e}^{-|x|}\mathrm{d}x = 1.$

建议答题时间 ≤ 3 min **评估** 熟练 | 还可以 | 有点难 | 不会

90 设 $\boldsymbol{a}$ 和 $\boldsymbol{b}$ 为非零向量,且 $|\boldsymbol{b}| = 1, \langle \boldsymbol{a}, \boldsymbol{b} \rangle = \dfrac{\pi}{3}$,则 $\lim\limits_{x \to 0} \dfrac{|\boldsymbol{a}+x\boldsymbol{b}|-|\boldsymbol{a}|}{\mathrm{e}^x - 1} =$

(A) 0. (B) $\dfrac{1}{2}.$ (C) $\dfrac{\sqrt{2}}{2}.$ (D) $\dfrac{\sqrt{3}}{2}.$

建议答题时间 ≤ 5 min **评估** 熟练 | 还可以 | 有点难 | 不会

91 设有直线 $L:\begin{cases} x+3y+2z+1=0, \\ 2x-y-10z+3=0 \end{cases}$ 及平面 $\Pi:4x-2y+z-2=0$，则 L

(A) 平行于 Π.　　　　　　　　　　(B) 在 Π 上.

(C) 垂直于 Π.　　　　　　　　　　(D) 与 Π 斜交.

建议答题时间 $\leqslant 3\ \text{min}$　　　评估　熟练｜还可以｜有点难｜不会

92 设 $z=f(x,y)$ 在点 (x_0,y_0) 的某邻域内有定义，且

$$\Delta z=f(x,y)-f(x_0,y_0)=a(x-x_0)+b(y-y_0)+o(\rho),$$

其中 $\rho=\sqrt{(x-x_0)^2+(y-x_0)^2}$，则极限 $\lim\limits_{y\to 0}\dfrac{f(x_0,y_0+y)-f(x_0,y_0-y)}{y}=$

(A) a.　　　　(B) $a+b$.　　　　(C) $2a$.　　　　(D) $2b$.

建议答题时间 $\leqslant 5\ \text{min}$　　　评估　熟练｜还可以｜有点难｜不会

93 二元函数 $f(x,y) = \begin{cases} (x^2 + y^2)\sin\dfrac{1}{\sqrt{x^4 + y^2}}, & x^2 + y^2 \neq 0, \\ 0, & x^2 + y^2 = 0 \end{cases}$ 在点$(0,0)$处

（A）极限存在但不连续.　　　　　（B）连续但偏导数不存在.

（C）偏导数存在但不可微.　　　　（D）可微.

 建议答题时间 $\leqslant 5\ \text{min}$　　　　评估 | 熟练 | 还可以 | 有点难 | 不会

 纠错笔记

94 设 $f(x,y)$ 在$(0,0)$点连续，且$\lim\limits_{\substack{x \to 0 \\ y \to 0}} \dfrac{f(x,y) + 3x - 4y}{(x^2 + y^2)^\alpha} = 2\,(\alpha > 0)$，则 $f(x,y)$ 在$(0,0)$点可微的充要条件是

（A）$\alpha < 1$.　　（B）$\alpha < \dfrac{1}{2}$.　　（C）$\alpha \geqslant \dfrac{1}{2}$.　　（D）$\alpha > \dfrac{1}{2}$.

 建议答题时间 $\leqslant 2\ \text{min}$　　　　评估 | 熟练 | 还可以 | 有点难 | 不会

纠错笔记

95 设 $z = f(x,y)$ 在点 $(0,0)$ 处连续，且 $\lim\limits_{(x,y)\to(0,0)} \dfrac{f(x,y)}{|x|+|y|} = -1$，则下列结论不正确的是

(A) $f_x'(0,0)$ 不存在.　　　　　　　(B) $f_y'(0,0)$ 不存在.

(C) $f(x,y)$ 在 $(0,0)$ 处取极小值.　(D) $f(x,y)$ 在 $(0,0)$ 点处不可微.

建议答题时间 $\leqslant 4$ min　　　　　评估　熟练　还可以　有点难　不会

答题区域　　　　　　　　　　　纠错笔记

96 若函数 $z = f(x,y)$ 满足 $\dfrac{\partial^2 z}{\partial y^2} = 2$，且 $f(x,1) = x+2$，又 $f_y'(x,1) = x+1$，则 $f(x,y) =$

(A) $y^2 + (x-1)y - 2$.　　　　　　(B) $y^2 + (x+1)y + 2$.

(C) $y^2 + (x-1)y + 2$.　　　　　　(D) $y^2 + (x+1)y - 2$.

建议答题时间 $\leqslant 4$ min　　　　　评估　熟练　还可以　有点难　不会

答题区域　　　　　　　　　　　纠错笔记

97 设函数 $f(x,y)$ 可微，且 $f(0,0)=0$，$f(2,1)>3$，$f'_y(x,y)<0$，则至少存在一点 (x_0,y_0)，使

(A) $f'_x(x_0,y_0)<1$.

(B) $f'_x(x_0,y_0)<-3$.

(C) $f'_x(x_0,y_0)=\dfrac{3}{2}$.

(D) $f'_x(x_0,y_0)>\dfrac{3}{2}$.

建议答题时间 $\leqslant 3$ min　　　　**评估**　熟练　还可以　有点难　不会

答题区域　　　　　　　　　**纠错笔记**

98 设 $f(x,y)$ 在点 $(0,0)$ 处有定义，且 $\lim\limits_{(x,y)\to(0,0)}\dfrac{f(x,y)-f(0,0)}{e^{x^2+y^2}-1}=2$，则下列结论不正确的是

(A) $f(x,y)$ 在 $(0,0)$ 处连续.

(B) $f'_x(0,0)=f'_y(0,0)=0$.

(C) $f(x,y)$ 在 $(0,0)$ 处可微.

(D) $f(x,y)$ 在点 $(0,0)$ 处取极大值.

建议答题时间 $\leqslant 4$ min　　　　**评估**　熟练　还可以　有点难　不会

答题区域　　　　　　　　　**纠错笔记**

99 设 $f(x, y)$ 连续，则 $\int_0^2 dx \int_{-\sqrt{4-x^2}}^{\sqrt{4-x^2}} f(x, y) dy =$

(A) $\int_0^2 dx \int_{-2}^2 f(x, y) dy.$

(B) $\int_{-2}^2 dy \int_0^{\sqrt{4-y^2}} f(x, y) dx.$

(C) $2\int_0^2 dx \int_0^{\sqrt{4-x^2}} f(x, y) dy.$

(D) $\int_{-\frac{\pi}{2}}^{\frac{\pi}{2}} d\theta \int_0^2 f(r, \theta) dr.$

建议答题时间 $\leqslant 3$ min　　　**评估** 熟练 | 还可以 | 有点难 | 不会

 答题区域

纠错笔记

100 $\int_0^2 dy \int_{\frac{y}{2}}^{\sqrt{y}} f(x, y) dx + \int_2^{2\sqrt{2}} dy \int_{\frac{y}{2}}^{\sqrt{2}} f(x, y) dx =$

(A) $\int_0^1 dx \int_{x^2}^{2x} f(x, y) dy.$

(B) $\int_0^{\sqrt{2}} dx \int_{x^2}^2 f(x, y) dy.$

(C) $\int_0^{\sqrt{2}} dx \int_{x^2}^{2x} f(x, y) dy.$

(D) $\int_0^{\sqrt{2}} dx \int_0^{2\sqrt{2}} f(x, y) dy.$

建议答题时间 $\leqslant 5$ min　　　**评估** 熟练 | 还可以 | 有点难 | 不会

 答题区域

纠错笔记

101 若已知 $\int_0^{\frac{2}{\pi}} dx \int_0^{\pi} xf(\sin y)dy = 1$，则 $\int_0^{\frac{\pi}{2}} f(\cos x)dx =$

(A) $\dfrac{\pi}{2}$.　　　　(B) $\dfrac{2}{\pi}$.　　　　(C) $\dfrac{4}{\pi^2}$.　　　　(D) $\dfrac{\pi^2}{4}$.

建议答题时间 $\leqslant 4\ \text{min}$　　　评估　熟练 | 还可以 | 有点难 | 不会

答题区域

纠错笔记

102 设区域 D 是 $x^2 + y^2 \leqslant 1$ 在第一、四象限的部分，$f(x, y)$ 在 D 上连续，则二重积分

$$\iint\limits_D f(x, y)dxdy =$$

(A) $\displaystyle\int_0^1 dx \int_{-1}^1 f(x, y)dy$.　　　　　　(B) $\displaystyle\int_{-1}^1 dy \int_0^{\sqrt{1-y^2}} f(x, y)dx$.

(C) $2\displaystyle\int_{-1}^1 dx \int_1^{\sqrt{1-x^2}} f(x, y)dy$.　　　　(D) $\displaystyle\int_{-\frac{\pi}{2}}^{\frac{\pi}{2}} d\theta \int_0^1 f(r, \theta)dr$.

建议答题时间 $\leqslant 2\ \text{min}$　　　评估　熟练 | 还可以 | 有点难 | 不会

答题区域

纠错笔记

103 设曲线 $L: f(x,y)=1$（$f(x,y)$ 具有一阶连续偏导数），过第二象限内的点 M 和第四象限内的点 N. T 为 L 上从点 M 到点 N 的一段弧，则下列积分小于零的是

(A) $\int_T f(x,y)\mathrm{d}x$. (B) $\int_T f(x,y)\mathrm{d}y$.

(C) $\int_T f(x,y)\mathrm{d}s$. (D) $\int_T f'_x(x,y)\mathrm{d}x + f'_y(x,y)\mathrm{d}y$.

建议答题时间 $\leqslant 4$ min　　**评估**　熟练　还可以　有点难　不会

答题区域　　纠错笔记

104 设 L 是圆周 $x^2+y^2=1$（按逆时针方向绕行），$I=\int_L xy^3\mathrm{d}y - yx^2\mathrm{d}x$，$J=\int_L yx^4\mathrm{d}x+xy^4\mathrm{d}y$，$K=\int_L xy^3\mathrm{d}y+yx^2\mathrm{d}x$，则

(A) $I<J<K$. (B) $I<K<J$.

(C) $J<I<K$. (D) $K<J<I$.

建议答题时间 $\leqslant 4$ min　　**评估**　熟练　还可以　有点难　不会

答题区域　　纠错笔记

105 下列四个曲线积分中,在区域 $0 < x^2 + y^2 < +\infty$ 上与路径无关的是

(A) $\displaystyle\int_c \frac{y\mathrm{d}x - x\mathrm{d}y}{x^2 + y^2}$.

(B) $\displaystyle\int_c \frac{(x-y)\mathrm{d}x + (x+y)\mathrm{d}y}{x^2 + y^2}$.

(C) $\displaystyle\int_c \frac{x\mathrm{d}y - y\mathrm{d}x}{4x^2 + y^2}$.

(D) $\displaystyle\int_c \frac{x\mathrm{d}x + y\mathrm{d}y}{x^2 + y^2}$.

建议答题时间 $\leqslant 4$ min　　**评估**　熟练　还可以　有点难　不会

 答题区域　　纠错笔记

106 设 $\Sigma: z^2 = x^2 + y^2 (0 \leqslant z \leqslant 1)$,$\Sigma_1$ 为 Σ 在第一卦限中的部分,则有

(A) $\displaystyle\iint_{\Sigma} x^3 \mathrm{d}S = 4\iint_{\Sigma_1} x^3 \mathrm{d}S$.

(B) $\displaystyle\iint_{\Sigma} z^2 \mathrm{d}S = 8\iint_{\Sigma_1} x^2 \mathrm{d}S$.

(C) $\displaystyle\iint_{\Sigma} y \mathrm{d}S = 4\iint_{\Sigma_1} y \mathrm{d}S$.

(D) $\displaystyle\iint_{\Sigma} x^3 y^2 z \mathrm{d}S = 4\iint_{\Sigma_1} x^3 y^2 z \mathrm{d}S$.

建议答题时间 $\leqslant 4$ min　　**评估**　熟练　还可以　有点难　不会

 答题区域　　纠错笔记

107 设空间区域 Ω 由曲面 $z = a^2 - x^2 - y^2$ 与平面 $z = 0$ 所围成,其中 a 为正常数.记 Ω 表面的外侧为 Σ, Ω 的体积为 V,则 $\oiint\limits_{\Sigma} x^2 yz^2 \mathrm{d}y\mathrm{d}z - xy^2 z^2 \mathrm{d}z\mathrm{d}x + z(1 + xyz)\mathrm{d}x\mathrm{d}y =$

(A) 0.　　　　　(B) $\dfrac{V}{2}$.　　　　　(C) V.　　　　　(D) $2V$.

建议答题时间 $\leqslant 3$ min　　　　评估　熟练　还可以　有点难　不会

答题区域

纠错笔记

108 设有空间区域 $\Omega_1 : x^2 + y^2 + z^2 \leqslant 1, z \geqslant 0$;及 $\Omega_2 : x^2 + y^2 + z^2 \leqslant 1, x \geqslant 0, y \geqslant 0, z \geqslant 0$,则

(A) $\iiint\limits_{\Omega_1} x^3 \mathrm{d}v = 4\iiint\limits_{\Omega_2} x^3 \mathrm{d}v$.

(B) $\iiint\limits_{\Omega_1} y^3 \mathrm{d}v = 4\iiint\limits_{\Omega_2} y^3 \mathrm{d}v$.

(C) $\iiint\limits_{\Omega_1} z^3 \mathrm{d}v = 4\iiint\limits_{\Omega_2} z^3 \mathrm{d}v$.

(D) $\iiint\limits_{\Omega_1} x^3 y^3 z^3 \mathrm{d}v = 4\iiint\limits_{\Omega_2} x^3 y^3 z^3 \mathrm{d}v$.

建议答题时间 $\leqslant 3$ min　　　　评估　熟练　还可以　有点难　不会

答题区域

纠错笔记

109 曲面积分 $\displaystyle\iint_{\Sigma} z^2 \mathrm{d}x\mathrm{d}y$ 在数值上等于

（A）面密度为 z^2 的曲面 Σ 的质量.

（B）向量 $z^2 \boldsymbol{i}$ 穿过曲面 Σ 的流量.

（C）向量 $z^2 \boldsymbol{j}$ 穿过曲面 Σ 的流量.

（D）向量 $z^2 \boldsymbol{k}$ 穿过曲面 Σ 的流量.

 建议答题时间 $\leqslant 3 \ \mathrm{min}$ 　评估　熟练　还可以　有点难　不会

答题区域　　　　　　　　纠错笔记

110 若级数 $\displaystyle\sum_{n=1}^{\infty} \frac{a_{n+1}+a_n}{2}$ 收敛，$\displaystyle\sum_{n=1}^{\infty}(a_{n-1}+a_{n+1})$ 发散，则级数

（A）$\displaystyle\sum_{n=1}^{\infty} a_n$ 绝对收敛.　　　　　（B）$\displaystyle\sum_{n=1}^{\infty}(-1)^n a_n$ 收敛.

（C）$\displaystyle\sum_{n=1}^{\infty} a_n$ 发散.　　　　　　（D）$\displaystyle\sum_{n=1}^{\infty} a_n$ 收敛.

 建议答题时间 $\leqslant 3 \ \mathrm{min}$ 　评估　熟练　还可以　有点难　不会

答题区域　　　　　　　　纠错笔记

111 对于常数 $k > 0$，级数 $\sum\limits_{n=1}^{\infty} (-1)^{n-1} \tan\left(\dfrac{1}{n} + \dfrac{k}{n^2}\right)$

(A) 绝对收敛.　　　　　　　　(B) 条件收敛.

(C) 发散.　　　　　　　　　　(D) 收敛性与 k 的取值相关.

| 建议答题时间 | $\leqslant 5$ min | 评估 | 熟练 | 还可以 | 有点难 | 不会 |

答题区域

纠错笔记

112 设 $p > 0$ 为常数，正项级数 $\sum\limits_{n=1}^{\infty} a_n$ 收敛，则级数 $\sum\limits_{n=1}^{\infty} (-1)^n a_{2n+1} \sin\dfrac{1}{n^p}$

(A) 绝对收敛.　　　　　　　　(B) 条件收敛.

(C) 发散.　　　　　　　　　　(D) 收敛性与 p 的取值相关.

| 建议答题时间 | $\leqslant 3$ min | 评估 | 熟练 | 还可以 | 有点难 | 不会 |

答题区域

纠错笔记

113 要使级数 $\sum\limits_{n=1}^{\infty} u_n^2$ 收敛,只需

(A) $\sum\limits_{n=1}^{\infty} u_n$ 收敛.   (B) $\sum\limits_{n=1}^{\infty} u_n$ 绝对收敛.   (C) $\sum\limits_{n=1}^{\infty} u_n^3$ 收敛.   (D) $\sum\limits_{n=1}^{\infty} u_n^3$ 绝对收敛.

建议答题时间 $\leqslant 3$ min   **评估** | 熟练 | 还可以 | 有点难 | 不会 |

答题区域

纠错笔记

114 设级数 $\sum\limits_{n=1}^{\infty} a_n$ 条件收敛,则 $\lim\limits_{n \to \infty} \dfrac{\sum\limits_{k=1}^{n}(a_k - |a_k|)}{\sum\limits_{k=1}^{n}(a_k + |a_k|)}$

(A) 不存在.   (B) 等于 -1.   (C) 等于 1.   (D) 等于 0.

建议答题时间 $\leqslant 4$ min   **评估** | 熟练 | 还可以 | 有点难 | 不会 |

答题区域

纠错笔记

115 设 $\sum\limits_{n=1}^{\infty}(-1)^n n^2 a_n$ 收敛，则级数 $\sum\limits_{n=1}^{\infty}a_n$

（A）条件收敛.　　（B）绝对收敛.　　　（C）发散.　　　（D）敛散性不定.

 建议答题时间 $\leqslant 3$ min　　　　评估　熟练｜还可以｜有点难｜不会

答题
区域

纠错
笔记

116 设 $\sum\limits_{n=1}^{\infty}a_n x^n$ 在 $x=2$ 处条件收敛，则 $\sum\limits_{n=1}^{\infty}\dfrac{a_n}{n+1}(x-1)^n$ 在 $x=\dfrac{5}{2}$ 处

（A）绝对收敛.　　　　　　　　（B）条件收敛.

（C）必发散.　　　　　　　　　（D）敛散性由 $\{a_n\}$ 确定.

 建议答题时间 $\leqslant 3$ min　　　　评估　熟练｜还可以｜有点难｜不会

答题
区域

纠错
笔记

117 设 $p(x),q(x),f(x)$ 均是已知的连续函数,$y_1(x),y_2(x),y_3(x)$ 是 $y'' + p(x)y' + q(x)y = f(x)$ 的 3 个线性无关的解,C_1 与 C_2 为任意常数,则方程的通解为

(A)$(C_1 - C_2)y_1 + (C_2 + C_1)y_2 + (1 - C_2)y_3$.

(B)$(C_1 - C_2)y_1 + (C_2 - C_1)y_2 + (C_1 + C_2)y_3$.

(C)$2C_1y_1 + (C_2 - C_1)y_2 + (1 - C_1 - C_2)y_3$.

(D)$C_1y_1 + (C_2 - C_1)y_2 + (1 + C_1 - C_2)y_3$.

建议答题时间 $\leqslant 3$ min　　　　　　　　**评估**　熟练　还可以　有点难　不会

答题
区域

纠错
笔记

118 设二阶常系数齐次线性微分方程 $y'' + by' + y = 0$ 的每一个解 $y(x)$ 都在区间 $(0, +\infty)$ 上有界,则实数 b 的取值范围是

(A)$[0, +\infty)$.　　　(B)$(-\infty, 0)$.　　　(C)$(-\infty, 2)$.　　　(D)$(-\infty, +\infty)$.

建议答题时间 $\leqslant 5$ min　　　　　　　　**评估**　熟练　还可以　有点难　不会

答题
区域

纠错
笔记

119 如果二阶常系数非齐次线性微分方程 $y'' + ay' + by = e^{-x}\cos x$ 有一个特解 $y^* = e^{-x}(x\cos x + x\sin x)$，则

(A) $a = -1, b = 1$.   (B) $a = 1, b = -1$.

(C) $a = 2, b = 1$.   (D) $a = 2, b = 2$.

| 建议答题时间 | ⩽ 3 min | | 评估 | 熟练 | 还可以 | 有点难 | 不会 |

答题区域

纠错笔记

120 已知曲线 $y = y(x)$ 经过原点，且在原点的切线平行于直线 $2x - y - 5 = 0$，而 $y(x)$ 满足 $y'' - 6y' + 9y = e^{3x}$，则 $y(x)$ 等于

(A) $\sin 2x$.

(B) $\dfrac{1}{2}x^2 e^{2x} + \sin 2x$.

(C) $\dfrac{x}{2}(x + 4)e^{3x}$.

(D) $(x^2\cos x + \sin 2x)e^{3x}$.

| 建议答题时间 | ⩽ 5 min | | 评估 | 熟练 | 还可以 | 有点难 | 不会 |

答题区域

纠错笔记

解 答 题

121 设 $a_n = 1 + \dfrac{1}{\sqrt{2}} + \cdots + \dfrac{1}{\sqrt{n}} - 2\sqrt{n}$，证明数列 $\{a_n\}$ 收敛.

 建议答题时间 $\leqslant 8$ min　　　 **评估** | 熟练 | 还可以 | 有点难 | 不会 |

✏️ **答题区域**　　　⚠️ **纠错笔记**

122 求极限：$\displaystyle \lim_{n \to \infty} \sqrt[n]{\dfrac{2n(2n+1)\cdots(3n-1)}{(\sqrt{n^2+1}+n)(\sqrt{n^2+2}+n)\cdots(\sqrt{n^2+n}+n)}}.$

 建议答题时间 $\leqslant 8$ min　　　 **评估** | 熟练 | 还可以 | 有点难 | 不会 |

✏️ **答题区域**　　　⚠️ **纠错笔记**

123 （1）证明：对 $x > 0, x - \dfrac{1}{3}x^3 < \arctan x < x$.

（2）求 $\lim\limits_{n \to \infty} \sum\limits_{k=1}^{n} \arctan \dfrac{n}{n^2 + k^2}$.

建议答题时间 $\leqslant 12$ min　　评估　熟练｜还可以｜有点难｜不会

答题区域　　　　　　　　　　纠错笔记

124 设二元函数 $F(x,y) = \dfrac{1}{2x}\varphi(y-x)$，且 $F(1,y) = \dfrac{y^2}{2} - y + 5$. 又设 $x_1 > 0, x_{n+1} = F(x_n, 2x_n)(n = 1, 2, \cdots)$.

（1）证明：数列 $\{x_n\}$ 收敛；

（2）求 $\lim\limits_{n \to \infty} x_n$.

建议答题时间 $\leqslant 12$ min　　评估　熟练｜还可以｜有点难｜不会

答题区域　　　　　　　　　　纠错笔记

125　设 $x_1 > 0$，$x_{n+1} = 3 + \dfrac{4}{x_n}$（$n = 1, 2, \cdots$），证明数列 $\{x_n\}$ 收敛并求它的极限.

建议答题时间 ⩽ 12 min　　　　**评估**　熟练｜还可以｜有点难｜不会

126　设 $f(x)$ 在 $x = 0$ 的某邻域内二阶可导，且 $f''(0) \neq 0$，$\displaystyle\lim_{x \to 0} \frac{f(x)}{x} = 0$，

$$\lim_{x \to 0^+} \frac{\displaystyle\int_0^x f(t)\,\mathrm{d}t}{x^\alpha - \sin x} = \beta \neq 0,\ 求\ \alpha\ 与\ \beta.$$

建议答题时间 ⩽ 8 min　　　　**评估**　熟练｜还可以｜有点难｜不会

127 讨论函数 $f(x) = \begin{cases} \dfrac{x(x^2-4)}{\sin \pi x}, & x > 0, \\[3mm] \dfrac{x(x+1)}{x^2-1}, & x \leqslant 0 \end{cases}$ 的连续性并指出间断点的类型.

建议答题时间 $\leqslant 10$ min　　　　**评估** 熟练　还可以　有点难　不会

 答题区域

 纠错笔记

128 设 $f(x)$ 在 $[a,b]$ 上连续,且 $f(a) = f(b)$,试证至少存在一个 $[\alpha,\beta] \subset [a,b]$,且 $\beta - \alpha = \dfrac{b-a}{2}$,使 $f(\alpha) = f(\beta)$.

建议答题时间 $\leqslant 10$ min　　　　**评估** 熟练　还可以　有点难　不会

答题区域

纠错笔记

129 证明：当 $0 < x < 1$ 时，$\sqrt{\dfrac{1-x}{1+x}} < \dfrac{\ln(1+x)}{\arcsin x}$.

 建议答题时间 $\leqslant 15$ min　　 评估　熟练｜还可以｜有点难｜不会

答题区域　　　　　　　　　　　　　　纠错笔记

130 已知 $f(x)$ 在 $x > 0$ 时有定义，且对任意 $y > x > 0$，有 $x < \dfrac{y-x}{f(y)-f(x)} < y$，若 $f(1) = 0$，求 $f(x)$.

建议答题时间 $\leqslant 12$ min　　 评估　熟练｜还可以｜有点难｜不会

答题区域　　　　　　　　　　　　　　纠错笔记

131 设函数 $y = f(x)$ 二阶可导，且 $f''(x) > 0, f(0) = 0, f'(0) = 0$，求 $\lim\limits_{x \to 0} \dfrac{x^3 f(u)}{f(x) \sin^3 u}$，其中 u 是曲线 $y = f(x)$ 上点 $P(x, f(x))$ 处的切线在 x 轴上的截距.

建议答题时间 ≤ 10 min

评估 | 熟练 | 还可以 | 有点难 | 不会

答题区域

纠错笔记

132 设 $f(x)$ 在 $[a, b]$ 上连续，在 (a, b) 内可导，$f(a) = f(b) = 0$.

试证存在 $\xi \in (a, b)$ 使 $f'(\xi) + f^2(\xi) = 0$.

建议答题时间 ≤ 8 min

评估 | 熟练 | 还可以 | 有点难 | 不会

答题区域

纠错笔记

133 （1）证明：对于任意实数 x，均有 $\mathrm{e}^{-x^2} \leqslant \dfrac{1}{1+x^2}$.

（2）证明：$\displaystyle\int_0^{+\infty} \mathrm{e}^{-x^2}\,\mathrm{d}x$ 收敛，且对任意正整数 $n(n \geqslant 2)$，均有 $\displaystyle\int_0^{+\infty} \mathrm{e}^{-x^2}\,\mathrm{d}x \leqslant \dfrac{\pi\sqrt{n}}{2} \cdot \dfrac{(2n-3)!!}{(2n-2)!!}$.

建议答题时间 $\leqslant 12$ min **评估** 熟练 ｜ 还可以 ｜ 有点难 ｜ 不会

 答题区域

 纠错笔记

134 证明：在区间 $\left[0, \dfrac{\pi}{2}\right]$ 上存在三个不同的点 x_1, x_2, x_3，使得

$$\left[\mathrm{e}^{-x_1}(\cos x_1 - \sin x_1)\right]x_3 = \left[\mathrm{e}^{-x_2}(\cos x_2 - \sin x_2)\right]\left(\dfrac{\pi}{2} - x_3\right).$$

建议答题时间 $\leqslant 10$ min **评估** 熟练 ｜ 还可以 ｜ 有点难 ｜ 不会

 答题区域

 纠错笔记

135 设 $f(x) = e^{3x}\sin 4x$，求 $f^{(n)}(x)(n \in \mathbf{Z}^+)$.

 建议答题时间 $\leqslant 10 \text{ min}$ **评估** | 熟练 | 还可以 | 有点难 | 不会

答题区域

纠错笔记

136 设 $f(x) = \int_0^x (t - 2t^3)e^{-t^2}dt$，试确定方程 $f(x) = 0$ 的实根个数.

 建议答题时间 $\leqslant 10 \text{ min}$ **评估** | 熟练 | 还可以 | 有点难 | 不会

答题区域

纠错笔记

137 设 $f(x)$ 在 $[0,1]$ 上存在二阶导数,且 $f(0)=f(1)=0$.试证明至少存在一点 $\xi\in(0,1)$,使

$$|f''(\xi)|\geqslant 8\max_{0\leqslant x\leqslant 1}|f(x)|.$$

建议答题时间 $\leqslant 12$ min

评估 | 熟练 | 还可以 | 有点难 | 不会

138 设 $R=R(x)$ 是抛物线 $y=\sqrt{x}$ 上任一点 $M(x,y)(x\geqslant 1)$ 处的曲率半径,$s=s(x)$ 是该抛物线上点 $A(1,1)$ 与点 M 之间的弧长,求 $3R\dfrac{\mathrm{d}^2R}{\mathrm{d}s^2}-\left(\dfrac{\mathrm{d}R}{\mathrm{d}s}\right)^2$.

建议答题时间 $\leqslant 8$ min

评估 | 熟练 | 还可以 | 有点难 | 不会

139 设 $f(x)$ 具有一阶连续导数，且 $f(0)=1$，$f(1)=a$.

(1) 求使得 $1+\dfrac{a}{\sqrt{2}}-\displaystyle\int_0^1\sqrt{1+[f'(x)]^2}\,\mathrm{d}x$ 取得最大值的 $f(x)$ 的表达式.

(2) 将 $1+\dfrac{a}{\sqrt{2}}-\displaystyle\int_0^1\sqrt{1+[f'(x)]^2}\,\mathrm{d}x$ 取得的最大值记为 $g(a)$，当 a 为何值时，$g(a)$ 取得

最大值？并求出该最大值.

建议答题时间 ≤ 12 min   **评估** 熟练 │ 还可以 │ 有点难 │ 不会

 答题区域

纠错笔记

140 已知函数 $f(x)$ 在 $(0,+\infty)$ 上有定义，$f(x)\neq 0$，且满足

$$f(x)=\lim_{t\to+\infty}\dfrac{t\tan\dfrac{x}{t}\left[g\left(ax+\dfrac{x}{t}\right)-g(ax)\right]}{a-\arctan\dfrac{t}{x}},$$

其中函数 $g(x)$ 可导，且 $\arctan\dfrac{1}{x}$ 是 $g(x)$ 的一个原函数.

(1) 求参数 a 的值；

(2) 计算 $\displaystyle\int_{\frac{2}{\pi}}^{+\infty}f(x)\,\mathrm{d}x$.

建议答题时间 ≤ 14 min   **评估** 熟练 │ 还可以 │ 有点难 │ 不会

 答题区域

纠错笔记

141 设 $G'(x) = e^{-x^2}$，且 $\lim\limits_{x\to+\infty} G(x) = 0$，求 $\lim\limits_{x\to+\infty} \int_0^x t^2 G(t)\,\mathrm{d}t$.

建议答题时间 $\leqslant 7$ min

评估 熟练 | 还可以 | 有点难 | 不会

142 设 $g(x) = \int_0^{\sin x} f(tx^2)\,\mathrm{d}t$，其中 $f(x)$ 为连续函数.

（1）求 $g'(x)$.

（2）讨论 $g'(x)$ 的连续性.

建议答题时间 $\leqslant 10$ min

评估 熟练 | 还可以 | 有点难 | 不会

143 已知函数 $f(x) = \dfrac{\int_0^x |\sin t|\,dt}{x^\alpha}$ 在 $(0,+\infty)$ 上有界，试讨论 α 的取值范围.

建议答题时间 ≤ 11 min 评估 熟练 还可以 有点难 不会

答题区域

纠错笔记

144 设 $f(x)$ 在 $[0,1]$ 上连续，且 $\int_0^1 x^2 f(x)\,dx = \int_0^1 f(x)\,dx$. 证明存在 $\xi \in (0,1)$，使得
$$\int_0^\xi f(x)\,dx = 0.$$

建议答题时间 ≤ 8 min 评估 熟练 还可以 有点难 不会

答题区域

纠错笔记

145 设 $a > 0, f(a) = \int_0^{+\infty} \dfrac{1}{(ax^2 + 1)\sqrt{x^2 + 1}} \mathrm{d}x.$ 判断 $f'(1)$ 是否存在,若存在,试求其值.

建议答题时间 $\leqslant 12$ min		**评估**	熟练	还可以	有点难	不会

答题区域

纠错笔记

146 已知直线 L 过点 $A(1,0,-2)$ 且与 $\Pi: 3x - y + 2z + 3 = 0$ 平行,同时与 $L_1: \dfrac{x-1}{4} = \dfrac{3-y}{2} = z$ 相交,求 L 的方程.

建议答题时间 $\leqslant 10$ min		**评估**	熟练	还可以	有点难	不会

答题区域

纠错笔记

147 设 $f(x,y) = \begin{cases} g(x,y)\sin\dfrac{1}{\sqrt{x^2+y^2}}, & x^2+y^2 \neq 0, \\ 0, & x^2+y^2 = 0. \end{cases}$

证明：若 $g(0,0)=0$，$g(x,y)$ 在点 $(0,0)$ 处可微，且 $\mathrm{d}g(0,0)=0$，则 $f(x,y)$ 在点 $(0,0)$ 处可微，且 $\mathrm{d}f(0,0)=0$.

 建议答题时间 $\leqslant 10$ min | 评估 熟练 还可以 有点难 不会

 答题区域

148 设 $f(x,y) = \varphi(|xy|)$，其中 $\varphi(0)=0$，且在 $u=0$ 的某邻域内 $|\varphi(u)| \leqslant u^2$，讨论 $f(x,y)$ 在 $(0,0)$ 处的可微性. 若可微，求出 $f(x,y)$ 在 $(0,0)$ 处的全微分.

 建议答题时间 $\leqslant 10$ min | 评估 熟练 还可以 有点难 不会

 答题区域

149 设 $z = f(x,y)$ 有连续偏导数,证明:存在可微函数 $g(u)$,使得 $f(x,y) = g(ax + by)(ab \neq 0)$ 的充要条件是 $z = f(x,y)$ 满足 $b\dfrac{\partial z}{\partial x} = a\dfrac{\partial z}{\partial y}$.

 建议答题时间 $\leqslant 10$ min 评估 熟练 还可以 有点难 不会

 答题区域

 纠错笔记

150 设 $u = \dfrac{x+y}{2}, v = \dfrac{x-y}{2}, w = z\mathrm{e}^y$,取 u,v 为新自变量,$w = w(u,v)$ 为新函数,变换方程 $\dfrac{\partial^2 z}{\partial x^2} + \dfrac{\partial^2 z}{\partial x \partial y} + \dfrac{\partial z}{\partial x} = z$. 其中 $z = z(x,y)$ 具有连续的二阶偏导函数.

建议答题时间 $\leqslant 12$ min 评估 熟练 还可以 有点难 不会

 答题区域

 纠错笔记

151 设 $f(x,y)$ 有二阶连续偏导数，$g(x,y) = f(e^{xy}, x^2+y^2)$，且 $f(x,y) = 1-x-y+o(\sqrt{(x-1)^2+y^2})$，证明 $g(x,y)$ 在点 $(0,0)$ 处取得极值，判断此极值是极大值还是极小值，并求出此极值.

建议答题时间 $\leqslant 10$ min　　**评估**　熟练　还可以　有点难　不会

152 求二元函数 $z = f(x,y) = x^2-y^2-4x+6$ 在区域 $D = \{(x,y) \mid x^2+y^2 \leqslant 9\}$ 上的最大值和最小值.

建议答题时间 $\leqslant 10$ min　　**评估**　熟练　还可以　有点难　不会

153 设 $x \geqslant 0, y \geqslant 0, z \geqslant 0, x+y+z=\pi$，求函数 $f(x,y,z)=2\cos x+3\cos y+4\cos z$ 的最大值和最小值.

建议答题时间 $\leqslant 12$ min

评估 | 熟练 | 还可以 | 有点难 | 不会

答题区域

纠错笔记

154 设 $z=z(x,y)$ 是由 $x^2+y^2-xz-yz-z^2+6=0$ 确定的函数，求 $z=z(x,y)$ 的极值点与极值.

建议答题时间 $\leqslant 12$ min

评估 | 熟练 | 还可以 | 有点难 | 不会

答题区域

纠错笔记

155 设曲面 $S: z = 1 - x^2 - y^2 (z \geqslant 0)$，有一点光源位于点 $P_0(\sqrt{2}, \sqrt{2}, 2)$.

(1) 求曲面 S 上受光部分与背光部分的分界线方程（设曲面 S 不透光）；

(2) 求上述分界线上 z 坐标的最大值.

建议答题时间 $\leqslant 8$ min　　评估　熟练｜还可以｜有点难｜不会

纠错笔记

156 已知 $u = u(x, y)$ 满足方程 $\dfrac{\partial^2 u}{\partial x^2} - \dfrac{\partial^2 u}{\partial y^2} + \dfrac{\partial u}{\partial x} + \dfrac{\partial u}{\partial y} = 0$，试确定参数 a 和 b，使原方程在变换 $u = v(x, y) e^{ax+by}$ 下不出现一阶偏导数项.

建议答题时间 $\leqslant 12$ min　　评估　熟练｜还可以｜有点难｜不会

纠错笔记

157 求积分 $I = \int_0^1 \mathrm{d}y \int_1^y (\mathrm{e}^{-x^2} + \mathrm{e}^x \sin x)\mathrm{d}x$.

建议答题时间 $\leqslant 12$ min

评估 | 熟练 | 还可以 | 有点难 | 不会

158 求二重积分 $I = \iint\limits_D \left(\sqrt{4 - x^2 - y^2} + x^5 \sin^2 y\right)\mathrm{d}\sigma$，其中 D 为 $x^2 + y^2 = 1$ 的上半圆与 $x^2 + y^2 = 2y$ 的下半圆所围成的区域.

建议答题时间 $\leqslant 12$ min

评估 | 熟练 | 还可以 | 有点难 | 不会

159 试将直角坐标系下的二重积分 $I = \iint\limits_{D} f(x,y)\mathrm{d}x\mathrm{d}y$ 化为极坐标系下的两种二次积分的形式，其中 $D = \{(x,y) \mid 0 \leqslant x \leqslant 1, 0 \leqslant y \leqslant 1\}$.

 建议答题时间 $\leqslant 12$ min　　评估 熟练 还可以 有点难 不会

 答题区域

 纠错笔记

160 计算二重积分 $I = \iint\limits_{D} \dfrac{1}{xy}\mathrm{d}x\mathrm{d}y$，其中 $D = \left\{(x,y) \mid \dfrac{1}{4} \leqslant \dfrac{x}{x^2+y^2} \leqslant \dfrac{1}{2}, \dfrac{1}{4} \leqslant \dfrac{y}{x^2+y^2} \leqslant \dfrac{1}{2}\right\}$.

建议答题时间 $\leqslant 12$ min　　评估 熟练 还可以 有点难 不会

答题区域

纠错笔记

161 计算二重积分 $I = \iint\limits_{D} \min\left\{\sqrt{\dfrac{3}{4} - x^2 - y^2}, x^2 + y^2\right\} \mathrm{d}x\mathrm{d}y$，其中 $D = \left\{(x,y) \mid x^2 + y^2 \leqslant \dfrac{3}{4}\right\}$.

 建议答题时间 $\leqslant 10$ min　　评估 熟练 还可以 有点难 不会

 答题区域　　纠错笔记

162 计算积分 $I = \displaystyle\int_C \dfrac{(x-y)\mathrm{d}x + (x+y)\mathrm{d}y}{x^2 + y^2}$，其中 C 为上半椭圆 $y = b\sqrt{1 - \dfrac{x^2}{a^2}}$ 从 $A(-a,0)$ 到 $B(a,0)$.

建议答题时间 $\leqslant 6$ min　　评估 熟练 还可以 有点难 不会

 答题区域　　纠错笔记

163 设 C 是圆周 $(x-a)^2+(y-a)^2=r^2$，取逆时针方向，$f(x)$ 是连续的正值函数，证明：

$$\oint_C xf(y)\mathrm{d}y-\frac{y}{f(x)}\mathrm{d}x\geqslant 2\pi r^2.$$

建议答题时间 $\leqslant 4$ min　　**评估**　熟练　还可以　有点难　不会

164 计算积分 $I=\iint\limits_{\Sigma}y\mathrm{d}y\mathrm{d}z-x\mathrm{d}z\mathrm{d}x+z^2\mathrm{d}x\mathrm{d}y$，其中 Σ 为锥面 $z=\sqrt{x^2+y^2}$ 被平面 $z=1,z=2$ 所截部分的外侧.

建议答题时间 $\leqslant 8$ min　　**评估**　熟练　还可以　有点难　不会

165 计算积分 $I = \oiint\limits_{\Sigma} \dfrac{\mathrm{d}y\mathrm{d}z}{x} + \dfrac{\mathrm{d}z\mathrm{d}x}{y} + \dfrac{\mathrm{d}x\mathrm{d}y}{z}$，其中 Σ 为 $x^2 + y^2 + z^2 = 1$ 的外侧.

建议答题时间 $\leqslant 7$ min

评估 熟练 | 还可以 | 有点难 | 不会

166 设 $f(x) = \dfrac{1}{1 + x - 2x^2}$，试证级数 $\displaystyle\sum_{n=0}^{\infty} \dfrac{n!}{f^{(n)}(0)}$ 绝对收敛.

建议答题时间 $\leqslant 12$ min

评估 熟练 | 还可以 | 有点难 | 不会

167 讨论级数 $\sum\limits_{n=2}^{\infty} \dfrac{(-1)^n}{\sqrt{n+(-1)^n}}$ 的敛散性,若收敛,说明是绝对收敛还是条件收敛.

 建议答题时间 $\leqslant 8$ min

 评估 熟练 | 还可以 | 有点难 | 不会

答题区域

纠错笔记

168 已知 $\lim\limits_{n\to\infty} \dfrac{a_n}{n} = 1$,求证:级数 $\sum\limits_{n=1}^{\infty}(-1)^n\left(\dfrac{1}{a_n}+\dfrac{1}{a_{n+1}}\right)$ 条件收敛.

 建议答题时间 $\leqslant 8$ min

评估 熟练 | 还可以 | 有点难 | 不会

答题区域

纠错笔记

169 将下列函数在指定点展为幂级数：

(1) $f(x) = \dfrac{1}{x^2}$，在 $x = 1$ 处；　　　　(2) $f(x) = 2^x$，在 $x = 1$ 处；

(3) $f(x) = \ln \dfrac{1}{2 + 2x + x^2}$，在 $x = -1$ 处.

建议答题时间 ≤ 12 min　　　　评估　熟练 还可以 有点难 不会

170 求下列幂级数的和函数：

(1) $\displaystyle\sum_{n=0}^{\infty} (2n+1)x^n$；　　　　(2) $\displaystyle\sum_{n=1}^{\infty} \dfrac{1}{n 2^{n-1}} x^{n-1}$；

(3) $\displaystyle\sum_{n=1}^{\infty} (-1)^{n-1}\left(1 + \dfrac{1}{n(2n-1)}\right) x^{2n}$；　　　　(4) $\displaystyle\sum_{n=2}^{\infty} \dfrac{n}{n^2-1} x^n$.

建议答题时间 ≤ 30 min　　　　评估　熟练 还可以 有点难 不会

171 设 $\sum\limits_{n=1}^{\infty} a_n$ 为正项级数，满足：(1) 数列 $\sum\limits_{k=1}^{n}(a_k - a_n)$ 有界；(2) a_n 单调递减，且 $\lim\limits_{n\to\infty} a_n = 0$.

试证明 $\sum\limits_{n=1}^{\infty} a_n$ 收敛.

 建议答题时间 $\leqslant 10$ min   评估 熟练 还可以 有点难 不会

172 设 $\lim\limits_{n\to\infty} \dfrac{\ln \dfrac{1}{a_n}}{\ln n} = q(a_n > 0)$，试证明级数 $\sum\limits_{n=1}^{\infty} a_n$ 在 $q > 1$ 时收敛，在 $q < 1$ 时发散.

 建议答题时间 $\leqslant 10$ min   评估 熟练 还可以 有点难 不会

173 设偶函数 $f(x)$ 在 $x=0$ 某邻域内有二阶连续导数，$f(0)=1$，$f''(0)=2$，试证级数 $\sum\limits_{n=1}^{\infty}\left[f\left(\dfrac{1}{n}\right)-1\right]$ 绝对收敛.

建议答题时间　$\leqslant 10$ min　　　　评估　熟练　还可以　有点难　不会

174 设 $f(x)$，$g(x)$ 满足 $f'(x)=g(x)$，$g'(x)=4e^x-f(x)$，且 $f(0)=g(0)=0$，求定积分 $I=\displaystyle\int_0^{\frac{\pi}{2}}\left[\dfrac{g(x)}{1+x}-\dfrac{f(x)}{(1+x)^2}\right]\mathrm{d}x$.

建议答题时间　$\leqslant 12$ min　　　　评估　熟练　还可以　有点难　不会

175 设函数 $f(x)$ 在 $[1,+\infty)$ 上连续，$f(1)=-\dfrac{1}{2}$．若由曲线 $y=f(x)$，直线 $x=1,x=t(t>1)$ 与 x 轴所围成的平面图形绕 x 轴旋转一周而成的旋转体体积为 $V(t)=\dfrac{\pi}{3}\left[t^2 f(t)-f(1)\right]$，求 $f(x)(x\geqslant 1)$．

建议答题时间 $\leqslant 8$ min **评估** 熟练 还可以 有点难 不会

176 设函数 $y=y(x)$ 在 $(-\infty,+\infty)$ 内二阶可导且 $y'\neq 0$，$x=x(y)$ 是 $y=y(x)$ 的反函数．

(1) 将 $x=x(y)$ 所满足的微分方程 $\dfrac{\mathrm{d}^2 x}{\mathrm{d}y^2}+(y+\sin x)\left(\dfrac{\mathrm{d}x}{\mathrm{d}y}\right)^3=0$ 变换为 $y=y(x)$ 满足的微分方程．

(2) 求(1)中变换后的微分方程满足初始条件 $y(0)=0,y'(0)=\dfrac{3}{2}$ 的特解．

建议答题时间 $\leqslant 8$ min **评估** 熟练 还可以 有点难 不会

177 设 $f(x)$ 在 $[0, +\infty)$ 上可导,且 $f'(x) \neq 0$,其反函数为 $g(x)$,并设

$$\int_0^{f(x)} g(t)\mathrm{d}t + \int_0^x f(t)\mathrm{d}t = x^2 \mathrm{e}^x,$$

求 $f(x)$.

建议答题时间　$\leqslant 10$ min　评估　熟练　还可以　有点难　不会

纠错笔记

178 求当 $x \geqslant 0$ 时的 $f(x)$,设当 $x \geqslant 0$ 时 $f(x)$ 有一阶连续导数,并且满足

$$f(x) = -1 + x + 2\int_0^x (x-t)f(t)f'(t)\mathrm{d}t.$$

建议答题时间　$\leqslant 10$ min　评估　熟练　还可以　有点难　不会

纠错笔记

179 设 $f(x)$ 在 $(-\infty,+\infty)$ 内有定义，$f(x) \neq 0$，且对 $(-\infty,+\infty)$ 内的任意 x 与 y，恒有 $f(x+y) = f(x)f(y)$. 又设 $f'(0)$ 存在，$f'(0) = a \neq 0$.

试证明对一切 $x \in (-\infty,+\infty)$，$f'(x)$ 存在，并求 $f(x)$.

建议答题时间 $\leqslant 10$ min   评估 熟练 还可以 有点难 不会

答题区域   纠错笔记

180 微分方程 $y'' + ay' + by = ce^x$ 的一个特解为 $y = e^{3x} + (2+x)e^x$，求

(1) a,b,c 及方程的通解；

(2) 满足条件 $\lim\limits_{x \to 0} \dfrac{y(x)}{x} = 3$ 的方程的特解.

建议答题时间 $\leqslant 10$ min   评估 熟练 还可以 有点难 不会

答题区域   纠错笔记

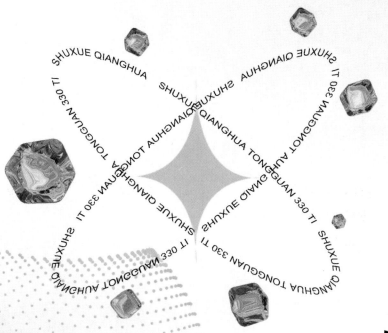

线性代数

填 空 题

181 $f(x) = \begin{vmatrix} 1 & 1 & x & x \\ 1 & 1 & x & 1 \\ 1 & x & 1 & 1 \\ x-2 & 1 & 1 & 1 \end{vmatrix}$ 中 x^3 的系数为_____.

建议答题时间 $\leqslant 4$ min   评估 熟练 还可以 有点难 不会

答题区域   纠错笔记

182 已知 $A = \begin{bmatrix} 1 & -2 & 0 \\ 2 & 1 & 3 \\ 0 & 1 & 2 \end{bmatrix}$,矩阵 B 满足 $BA = B + 2E$,则 $\left| \left(\dfrac{1}{3}B \right)^{-1} - 2B^* \right| = $ _____.

建议答题时间 $\leqslant 4$ min   评估 熟练 还可以 有点难 不会

答题区域   纠错笔记

183 已知 A 是三阶矩阵,特征值是 $1, 2, -1$,矩阵 $B = A^3 + 2A^2$,则 $|A^* B^{\mathrm{T}}| = $ _____.

建议答题时间 $\leqslant 3$ min   评估 熟练 还可以 有点难 不会

答题区域   纠错笔记

184 计算 $A = \begin{bmatrix} 1 & 0 & 0 \\ 0 & 0 & 1 \\ 0 & 1 & 0 \end{bmatrix}^9 \begin{bmatrix} 1 & 2 & 3 \\ 4 & 5 & 6 \\ 7 & 8 & 9 \end{bmatrix} \begin{bmatrix} 1 & 0 & 0 \\ 0 & 2 & 0 \\ 0 & 0 & 1 \end{bmatrix}^{10} = \underline{\hspace{2cm}}$.

建议答题时间	≤ 4 min		评估	熟练	还可以	有点难	不会

185 已知矩阵 $A = \begin{bmatrix} 1 & -2 & -2 \\ 1 & a & a \\ a & 4 & a \end{bmatrix}$ 和 $B = \begin{bmatrix} 1 & 2 & 8 \\ 2 & 3 & a \\ 1 & 2 & 2a \end{bmatrix}$ 等价,则 a _____.

建议答题时间	≤ 3 min		评估	熟练	还可以	有点难	不会

186 已知 $A = \begin{bmatrix} 3 & 2 & 3 \\ 0 & 1 & 2 \\ 0 & 0 & 3 \end{bmatrix}$, $B = \begin{bmatrix} 1 & 0 & 0 \\ 0 & -1 & 0 \\ 0 & 0 & -2 \end{bmatrix}$,若矩阵 X 满足 $XA + 2B = AB + 2X$,则

$X^4 = \underline{\hspace{2cm}}$.

建议答题时间	≤ 4 min		评估	熟练	还可以	有点难	不会

187 已知 $A = \begin{bmatrix} 1 & 2 & 1 \\ 0 & 2 & a \\ 2 & a & 0 \end{bmatrix}$，$B$ 是三阶非零矩阵，且 $BA = O$，则 $B = $ _____.

建议答题时间 $\leqslant 3$ min   评估 | 熟练 | 还可以 | 有点难 | 不会

答题区域

纠错笔记

188 设 $n(n > 2)$ 维向量 $\alpha_1, \alpha_2, \alpha_3$ 满足 $2\alpha_1 - \alpha_2 + 3\alpha_3 = 0$，$\beta$ 是任意 n 维向量，若 $\beta + \alpha_1$，$\beta + \alpha_2$，$a\beta + \alpha_3$ 线性相关，则 $a = $ _____.

建议答题时间 $\leqslant 4$ min   评估 | 熟练 | 还可以 | 有点难 | 不会

答题区域

纠错笔记

189 已知 α_1, α_2 是向量组 $\alpha_1 = (1, 1, -1)^{\mathrm{T}}$，$\alpha_2 = (2, 4, t-6)^{\mathrm{T}}$，$\alpha_3 = (2, 6, 6)^{\mathrm{T}}$，$\alpha_4 = (t, 14, t-4)^{\mathrm{T}}$ 的极大线性无关组，则 $t = $ _____.

建议答题时间 $\leqslant 3$ min   评估 | 熟练 | 还可以 | 有点难 | 不会

答题区域

纠错笔记

190 设 $A = \begin{bmatrix} 1 & 0 & 0 & 1 \\ 0 & 1 & 1 & 0 \\ 0 & 1 & 1 & 0 \\ 1 & 0 & 0 & 1 \end{bmatrix}$，则 $A^n x = 0$ 的通解为 _____.

建议答题时间 ≤ 5 min

评估 熟练 还可以 有点难 不会

191 设 $A = \begin{bmatrix} a & 1 & 1 & 1 \\ 1 & a & 1 & 1 \\ 1 & 1 & a & 1 \\ 1 & 1 & 1 & a \end{bmatrix}$，$\alpha$ 是 $Ax = 0$ 的基础解系，则 $A^* x = 0$ 的通解是 _____.

建议答题时间 ≤ 5 min

评估 熟练 还可以 有点难 不会

192 已知 A 是三阶实对称矩阵，$\lambda_1 = 1$ 和 $\lambda_2 = 2$ 是 A 的 2 个特征值，对应的特征向量分别是 $\alpha_1 = (1, a, -1)^T$ 和 $\alpha_2 = (1, 4, 5)^T$. 若矩阵 A 不可逆，则 $Ax = 0$ 的通解是 _____.

建议答题时间 ≤ 3 min

评估 熟练 还可以 有点难 不会

193 已知 $A = \begin{bmatrix} a & 0 & -1 \\ 0 & a & 1 \\ -1 & 1 & a+1 \end{bmatrix}$,则 A 的特征值为_____.

建议答题时间 $\leqslant 5$ min　　　评估 | 熟练 | 还可以 | 有点难 | 不会

答题区域　　　纠错笔记

194 已知三阶矩阵 A 的特征值是 $\dfrac{1}{2}, \dfrac{1}{3}, \dfrac{1}{4}$,又三阶矩阵 B 满足关系式 $A^{-1}BA = 6A + BA$,则矩阵 B 的特征值是_____.

建议答题时间 $\leqslant 3$ min　　　评估 | 熟练 | 还可以 | 有点难 | 不会

答题区域　　　纠错笔记

195 已知 A 是三阶实对称矩阵，满足 $A^2 - 2A = 3E$，如果秩 $r(A+E) = 2$，则和 A 相似的对角矩阵是_____.

建议答题时间 $\leqslant 2 \text{ min}$　　评估　熟练　还可以　有点难　不会

答题区域　　纠错笔记

196 已知三元二次型 $x^{\mathrm{T}}Ax = x_1^2 - 5x_2^2 + x_3^2 + 2ax_1x_2 + 2x_1x_3 + 2bx_2x_3$，若 $\boldsymbol{\alpha} = (2,1,2)^{\mathrm{T}}$ 是矩阵 A 的特征向量，则二次型 $x^{\mathrm{T}}Ax$ 的正惯性指数 $p = $ _____.

建议答题时间 $\leqslant 4 \text{ min}$　　评估　熟练　还可以　有点难　不会

答题区域　　纠错笔记

197 已知二次型 $x^TAx = ax_1^2 + ax_2^2 + ax_3^2 + 2x_1x_2 + 2x_1x_3 - 2x_2x_3$ 的规范形是 $y_1^2 + y_2^2 - y_3^2$，则 a 的取值范围是_____.

建议答题时间	≤ 4 min		评估	熟练	还可以	有点难	不会

答题区域

纠错笔记

198 已知矩阵 $A = \begin{bmatrix} 1 & 1 & -2 \\ 1 & -2 & 1 \\ -2 & 1 & 1 \end{bmatrix}$ 与二次型 $x^TBx = 3x_1^2 + ax_3^2$ 的矩阵 B 合同，则 a 的取值为_____.

建议答题时间	≤ 4 min		评估	熟练	还可以	有点难	不会

答题区域

纠错笔记

199 设 $A = \begin{bmatrix} 1 & 2 & 1 & -1 \\ 3 & a+5 & -1 & -3 \\ 5 & 10 & a & -5 \end{bmatrix}$，若 $Ax = 0$ 的解空间是二维空间，那么 $a =$ _____.

建议答题时间 $\leqslant 3 \min$　　评估　熟练　还可以　有点难　不会

 答题区域

 纠错笔记

200 已知三维空间的两组基

$$\boldsymbol{\alpha}_1 = (1,1,1)^T, \boldsymbol{\alpha}_2 = (0,1,1)^T, \boldsymbol{\alpha}_3 = (1,0,1)^T,$$
$$\boldsymbol{\beta}_1 = (1,0,1)^T, \boldsymbol{\beta}_2 = (0,1,-1)^T, \boldsymbol{\beta}_3 = (1,2,0)^T,$$

在这两组基下坐标相同的向量 $\boldsymbol{\gamma} =$ _____.

建议答题时间 $\leqslant 5 \min$　　评估　熟练　还可以　有点难　不会

 答题区域

 纠错笔记

选　择　题

 201　$D = \begin{vmatrix} a^2 & (a+1)^2 & (a+2)^2 & (a+3)^2 \\ b^2 & (b+1)^2 & (b+2)^2 & (b+3)^2 \\ c^2 & (c+1)^2 & (c+2)^2 & (c+3)^2 \\ d^2 & (d+1)^2 & (d+2)^2 & (d+3)^2 \end{vmatrix} =$

(A)0.　　　　　　(B)1.　　　　　　(C)$abcd$.　　　　　　(D)$a^2b^2c^2d^2$.

建议答题时间　≤ 3 min　　　　　　**评估**　熟练 | 还可以 | 有点难 | 不会

 202　设 A,B 是三阶方阵，且 $|A|=1$，$|B|=-2$，则 $\begin{vmatrix} A & -2A \\ B & O \end{vmatrix} =$

(A)4.　　　　　　(B)-4.　　　　　　(C)16.　　　　　　(D)-16.

建议答题时间　≤ 2 min　　　　　　**评估**　熟练 | 还可以 | 有点难 | 不会

203 已知 A 是三阶矩阵，满足 $A^2 + 2A = O$，若 $|A + 3E| = 3$，则 $|2A + E| =$

(A) -4.　　　　(B) 9.　　　　(C) 16.　　　　(D) -9.

建议答题时间 $\leqslant 3$ min　　　　评估　熟练　还可以　有点难　不会

答题区域

纠错笔记

204 下列命题中，不正确的是

(A) 如 A 是 n 阶矩阵，则 $(A+E)(A-E) = (A-E)(A+E)$.

(B) 如 A 是 n 阶矩阵，且 $A^2 = A$，则 $A + E$ 必可逆.

(C) 如 A, B 均为 $n \times 1$ 矩阵，则 $A^{\mathrm{T}}B = B^{\mathrm{T}}A$.

(D) 如 A, B 均为 n 阶矩阵，且 $AB = O$，则 $(A+B)^2 = A^2 + B^2$.

建议答题时间 $\leqslant 3$ min　　　　评估　熟练　还可以　有点难　不会

答题区域

纠错笔记

205 设 A,B 均为 n 阶可逆矩阵，且 $(A+B)^2=E$，则 $(E+BA^{-1})^{-1}=$

(A) $(A+B)B$.　　　　　　　　(B) $E+AB^{-1}$.

(C) $A(A+B)$.　　　　　　　　(D) $(A+B)A$.

建议答题时间 ≤ 4 min　　评估　熟练　还可以　有点难　不会

答题区域　　纠错笔记

206 三阶矩阵 A 可逆，把矩阵 A 的第 2 行与第 3 行互换得到矩阵 B，把矩阵 B 的第 1 列的 -3 倍加到第 2 列得到单位矩阵 E，则 $A^* =$

(A) $\begin{bmatrix} -1 & 3 & 0 \\ 0 & 0 & -1 \\ 0 & -1 & 0 \end{bmatrix}$.　　　　　　(B) $\begin{bmatrix} -1 & 0 & 3 \\ 0 & 0 & -1 \\ 0 & -1 & 0 \end{bmatrix}$.

(C) $\begin{bmatrix} 1 & -3 & 0 \\ 0 & 0 & 1 \\ 0 & 1 & 0 \end{bmatrix}$.　　　　　　(D) $\begin{bmatrix} 1 & 0 & -3 \\ 0 & 0 & 1 \\ 0 & 1 & 0 \end{bmatrix}$.

建议答题时间 ≤ 5 min　　评估　熟练　还可以　有点难　不会

答题区域　　纠错笔记

207 设 A 为三阶矩阵且 $P^\mathrm{T}AP = \begin{bmatrix} 1 & & \\ & 2 & \\ & & 3 \end{bmatrix}$，其中 $P = [\boldsymbol{\alpha}_1, \boldsymbol{\alpha}_2, \boldsymbol{\alpha}_3]$，若 $Q = [\boldsymbol{\alpha}_1 + \boldsymbol{\alpha}_2, -\boldsymbol{\alpha}_2, 2\boldsymbol{\alpha}_3]$，则 $Q^\mathrm{T}AQ =$

(A) $\begin{bmatrix} -3 & 2 & 0 \\ 2 & -2 & 0 \\ 0 & 0 & -6 \end{bmatrix}$.

(B) $\begin{bmatrix} -3 & -2 & 0 \\ -2 & -2 & 0 \\ 0 & 0 & 6 \end{bmatrix}$.

(C) $\begin{bmatrix} 3 & 2 & 0 \\ 2 & 2 & 0 \\ 0 & 0 & 12 \end{bmatrix}$.

(D) $\begin{bmatrix} 3 & -2 & 0 \\ -2 & 2 & 0 \\ 0 & 0 & 12 \end{bmatrix}$.

建议答题时间 ≤ 4 min　　评估 熟练 还可以 有点难 不会

208 (2016,数农) 设 A 为 4×5 矩阵，若 $\boldsymbol{\alpha}_1, \boldsymbol{\alpha}_2, \boldsymbol{\alpha}_3$ 是方程组 $A^\mathrm{T}x = 0$ 的基础解系，则 $r(A) =$

(A) 4.　　　(B) 3.　　　(C) 2.　　　(D) 1.

建议答题时间 ≤ 3 min　　评估 熟练 还可以 有点难 不会

209 已知 $A = \begin{bmatrix} 2 & 4 & 2 \\ 1 & a & -2 \\ 2 & 3 & a+2 \end{bmatrix}$，$B$ 是三阶非零矩阵且 $AB = O$，则

(A)$a = 1$ 是 $r(B) = 1$ 的必要条件.

(B)$a = 1$ 是 $r(B) = 1$ 的充分必要条件.

(C)$a = 3$ 是 $r(B) = 1$ 的充分条件.

(D)$a = 3$ 是 $r(B) = 1$ 的充分必要条件.

建议答题时间 $\leqslant 3$ min | **评估** | 熟练 | 还可以 | 有点难 | 不会

210 (2003,3) 设 $A = \begin{bmatrix} a & b & b \\ b & a & b \\ b & b & a \end{bmatrix}$，若 $r(A^*) = 1$，则必有

(A)$a = b$ 或 $a + 2b = 0$.　　　(B)$a = b$ 或 $a + 2b \neq 0$.

(C)$a \neq b$ 且 $a + 2b = 0$.　　　(D)$a \neq b$ 且 $a + 2b \neq 0$.

建议答题时间 $\leqslant 4$ min | **评估** | 熟练 | 还可以 | 有点难 | 不会

211 设矩阵 $A = \begin{bmatrix} 1-a & a & 0 & -a \\ -3 & 6 & 3 & -3 \\ 2-a & a-2 & -1 & 1-a \end{bmatrix}$，其中 a 为任意常数，则

(A)$r(A) = 1$.   (B)$r(A) = 2$.   (C)$r(A) = 3$.   (D)$r(A)$ 与 a 有关.

建议答题时间 $\leqslant 3$ min   评估   熟练   还可以   有点难   不会

答题区域

纠错笔记

212 设 A 是 $m \times n$ 矩阵，B 是 $n \times m$ 矩阵，且满足 $AB = E$，则

(A)A 的列向量组线性无关，B 的行向量组线性无关.

(B)A 的列向量组线性无关，B 的列向量组线性无关.

(C)A 的行向量组线性无关，B 的列向量组线性无关.

(D)A 的行向量组线性无关，B 的行向量组线性无关.

建议答题时间 $\leqslant 3$ min   评估   熟练   还可以   有点难   不会

答题区域

纠错笔记

213 （2010，数农）设向量组 Ⅰ：$\alpha_1,\alpha_2,\cdots,\alpha_r$ 可由向量组 Ⅱ：$\beta_1,\beta_2,\cdots,\beta_s$ 线性表示，下列命题中正确的是

　　（A）若向量组 Ⅰ 线性无关，则 $r\leqslant s$.　　（B）若向量组 Ⅰ 线性相关，则 $r>s$.

　　（C）若向量组 Ⅱ 线性无关，则 $r\leqslant s$.　　（D）若向量组 Ⅱ 线性相关，则 $r>s$.

 建议答题时间 $\leqslant 3$ min　　　　评估　熟练　还可以　有点难　不会

214 设 $\alpha_1,\alpha_2,\alpha_3,\alpha_4$ 是三维非零向量，则下列命题中正确的是

　　（A）若 α_1,α_2 线性相关，α_3,α_4 线性相关，则 $\alpha_1+\alpha_3,\alpha_2+\alpha_4$ 必线性相关.

　　（B）若 $\alpha_1,\alpha_2,\alpha_3$ 线性无关，则 $\alpha_1+\alpha_4,\alpha_2+\alpha_4,\alpha_3+\alpha_4$ 必线性无关.

　　（C）若 α_4 不能由 $\alpha_1,\alpha_2,\alpha_3$ 线性表示，则 $\alpha_1,\alpha_2,\alpha_3$ 必线性相关.

　　（D）若 α_4 能由 $\alpha_1,\alpha_2,\alpha_3$ 线性表示，则 $\alpha_1,\alpha_2,\alpha_3$ 必线性无关.

建议答题时间 $\leqslant 5$ min　　　　评估　熟练　还可以　有点难　不会

215 已知向量组 $\boldsymbol{\alpha}_1 = (1,0,0,4)^T, \boldsymbol{\alpha}_2 = (1,2,0,0)^T, \boldsymbol{\alpha}_3 = (0,2,3,0)^T, \boldsymbol{\alpha}_4 = (0,0,3,a)^T$ 的秩等于 3，则 $a =$

(A)1.   (B)2.   (C)3.   (D)4.

建议答题时间 $\leqslant 4$ min   评估   熟练 | 还可以 | 有点难 | 不会

216 已知四维列向量组 $\boldsymbol{\alpha}_1, \boldsymbol{\alpha}_2, \boldsymbol{\alpha}_3, \boldsymbol{\alpha}_4$ 线性无关，且向量 $\boldsymbol{\beta}_1 = \boldsymbol{\alpha}_1 + \boldsymbol{\alpha}_3 + \boldsymbol{\alpha}_4, \boldsymbol{\beta}_2 = \boldsymbol{\alpha}_2 - \boldsymbol{\alpha}_4,$ $\boldsymbol{\beta}_3 = \boldsymbol{\alpha}_3 + \boldsymbol{\alpha}_4, \boldsymbol{\beta}_4 = \boldsymbol{\alpha}_2 + \boldsymbol{\alpha}_3, \boldsymbol{\beta}_5 = 2\boldsymbol{\alpha}_1 + \boldsymbol{\alpha}_2 + \boldsymbol{\alpha}_3,$ 则 $r(\boldsymbol{\beta}_1, \boldsymbol{\beta}_2, \boldsymbol{\beta}_3, \boldsymbol{\beta}_4, \boldsymbol{\beta}_5) =$

(A)1.   (B)2.   (C)3.   (D)4.

建议答题时间 $\leqslant 4$ min   评估   熟练 | 还可以 | 有点难 | 不会

217 已知 $A = [\boldsymbol{\alpha}_1, \boldsymbol{\alpha}_2, \boldsymbol{\alpha}_3, \boldsymbol{\alpha}_4]$ 是四阶矩阵,$\boldsymbol{\eta}_1 = (3, 1, -2, 2)^{\mathrm{T}}$,$\boldsymbol{\eta}_2 = (0, -1, 2, 1)^{\mathrm{T}}$ 是 $A\boldsymbol{x} = \boldsymbol{0}$ 的基础解系,则下列命题中正确的一共有

①$\boldsymbol{\alpha}_1$ 一定可由 $\boldsymbol{\alpha}_2, \boldsymbol{\alpha}_3$ 线性表示.

②$\boldsymbol{\alpha}_1, \boldsymbol{\alpha}_3$ 是 A 列向量的极大线性无关组.

③ 秩 $r(\boldsymbol{\alpha}_1, \boldsymbol{\alpha}_1 + \boldsymbol{\alpha}_2, \boldsymbol{\alpha}_3 - \boldsymbol{\alpha}_4) = 2$.

④$\boldsymbol{\alpha}_2, \boldsymbol{\alpha}_4$ 是 A 列向量的极大线性无关组.

(A)4 个.   (B)3 个.   (C)2 个.   (D)1 个.

建议答题时间 $\leqslant 3$ min   评估   熟练 | 还可以 | 有点难 | 不会

答题区域   纠错笔记

218 (1991,4) 设方程组 $A\boldsymbol{x} = \boldsymbol{b}$ 有 m 个方程,n 个未知数且 $m \neq n$,则正确命题是

(A) 若 $A\boldsymbol{x} = \boldsymbol{0}$ 只有零解,则 $A\boldsymbol{x} = \boldsymbol{b}$ 有唯一解.

(B) 若 $A\boldsymbol{x} = \boldsymbol{0}$ 有非零解,则 $A\boldsymbol{x} = \boldsymbol{b}$ 有无穷多解.

(C) 若 $A\boldsymbol{x} = \boldsymbol{b}$ 有无穷多解,则 $A\boldsymbol{x} = \boldsymbol{0}$ 仅有零解.

(D) 若 $A\boldsymbol{x} = \boldsymbol{b}$ 有无穷多解,则 $A\boldsymbol{x} = \boldsymbol{0}$ 有非零解.

建议答题时间 $\leqslant 4$ min   评估   熟练 | 还可以 | 有点难 | 不会

答题区域   纠错笔记

219 （1997,4）非齐次线性方程组 $Ax = b$ 中未知量个数为 n，方程个数为 m，系数矩阵 A 的秩为 r，则

(A)$r = m$ 时，方程组 $Ax = b$ 有解.

(B)$r = n$ 时，方程组 $Ax = b$ 有唯一解.

(C)$m = n$ 时，方程组 $Ax = b$ 有唯一解.

(D)$r < n$ 时，方程组 $Ax = b$ 有无穷多解.

建议答题时间 $\leqslant 4$ min

评估 熟练 | 还可以 | 有点难 | 不会

纠错笔记

220 已知 $A = \begin{bmatrix} 1 & 1 & -1 & 2 \\ 2 & 1 & 1 & 4 \\ 3 & 1 & 1 & 1 \end{bmatrix}$，下列命题中错误的是

(A)$A^T x = 0$ 只有零解.

(B) 存在 $B \neq O$ 而 $AB = O$.

(C) $|A^T A| = 0$.

(D) $|AA^T| = 0$.

建议答题时间 $\leqslant 3$ min

评估 熟练 | 还可以 | 有点难 | 不会

纠错笔记

221 设 A 是 n 阶矩阵,对于齐次线性方程组(I) $A^n x = 0$ 和(II) $A^{n+1} x = 0$,现有四个命题

①(I)的解必是(II)的解; ②(II)的解必是(I)的解;

③(I)的解不是(II)的解; ④(II)的解不是(I)的解.

以上命题中正确的是

(A)①②. (B)①④.

(C)③④. (D)②③.

建议答题时间 $\leqslant 3\ \mathrm{min}$ 评估 熟练 | 还可以 | 有点难 | 不会

222 已知 $A = \begin{bmatrix} a_{11} & a_{12} & a_{13} \\ a_{21} & a_{22} & a_{23} \\ a_{31} & a_{32} & a_{33} \end{bmatrix}$ 是三阶可逆矩阵,B 是三阶矩阵,且 $BA = \begin{bmatrix} a_{11} & 4a_{13} & a_{12} \\ a_{21} & 4a_{23} & a_{22} \\ a_{31} & 4a_{33} & a_{32} \end{bmatrix}$,则

B 的特征值是

(A)$1, -1, 4$. (B)$1, 1, -4$. (C)$1, 2, -2$. (D)$1, -1, 2$.

建议答题时间 $\leqslant 3\ \mathrm{min}$ 评估 熟练 | 还可以 | 有点难 | 不会

223 下列矩阵中,不能相似对角化的矩阵是

(A) $\begin{bmatrix} 3 & 0 & 0 \\ -2 & -1 & 0 \\ 1 & 4 & 1 \end{bmatrix}$.

(B) $\begin{bmatrix} 3 & 1 & 0 \\ 1 & 5 & 3 \\ 0 & 3 & 2 \end{bmatrix}$.

(C) $\begin{bmatrix} 1 & 0 & -1 \\ -3 & 0 & 3 \\ 5 & 0 & -5 \end{bmatrix}$.

(D) $\begin{bmatrix} 2 & 1 & 2 \\ 0 & -1 & 3 \\ 0 & 0 & 2 \end{bmatrix}$.

| 建议答题时间 | $\leqslant 5$ min | | 评估 | 熟练 | 还可以 | 有点难 | 不会 |

224 设 A, B, C, D 都是 n 阶矩阵,且 $A \sim C, B \sim D$,则必有

(A) $(A + B) \sim (C + D)$.

(B) $\begin{bmatrix} A & O \\ O & B \end{bmatrix} \sim \begin{bmatrix} C & O \\ O & D \end{bmatrix}$.

(C) $AB \sim CD$.

(D) $\begin{bmatrix} O & A \\ B & O \end{bmatrix} \sim \begin{bmatrix} O & C \\ D & O \end{bmatrix}$.

| 建议答题时间 | $\leqslant 4$ min | | 评估 | 熟练 | 还可以 | 有点难 | 不会 |

225 设 $\boldsymbol{\alpha} = (a_1, a_2, a_3)^{\mathrm{T}}$ 是单位向量，矩阵 $\boldsymbol{A} = 2\boldsymbol{E} + 3\boldsymbol{\alpha}\boldsymbol{\alpha}^{\mathrm{T}}$，则 $\boldsymbol{A} \sim$

(A) $\begin{bmatrix} 2 & & \\ & 3 & \\ & & 3 \end{bmatrix}$.　(B) $\begin{bmatrix} 2 & & \\ & 2 & \\ & & 3 \end{bmatrix}$.　(C) $\begin{bmatrix} 2 & & \\ & 5 & \\ & & 5 \end{bmatrix}$.　(D) $\begin{bmatrix} 2 & & \\ & 2 & \\ & & 5 \end{bmatrix}$.

建议答题时间 $\leqslant 3$ min　　　**评估** 熟练 | 还可以 | 有点难 | 不会

答题区域　　　　　　　　　　纠错笔记

226 与二次型 $f = x_1^2 + x_2^2 + 2x_3^2 + 6x_1x_2$ 的矩阵 $\boldsymbol{A}$ 既合同又相似的矩阵是

(A) $\begin{bmatrix} 1 & & \\ & 2 & \\ & & -8 \end{bmatrix}$.　(B) $\begin{bmatrix} 4 & & \\ & 2 & \\ & & -2 \end{bmatrix}$.　(C) $\begin{bmatrix} 1 & & \\ & 3 & \\ & & 0 \end{bmatrix}$.　(D) $\begin{bmatrix} 1 & & \\ & 1 & \\ & & -1 \end{bmatrix}$.

建议答题时间 $\leqslant 3$ min　　　**评估** 熟练 | 还可以 | 有点难 | 不会

答题区域　　　　　　　　　　纠错笔记

227　已知二次型 $\boldsymbol{x}^{\mathrm{T}}\boldsymbol{A}\boldsymbol{x} = 2x_1^2 + x_2^2 + x_3^2 + 2x_2x_3$ 和 $\boldsymbol{y}^{\mathrm{T}}\boldsymbol{B}\boldsymbol{y} = y_1^2 + 3y_2^2$，则二次型矩阵 $\boldsymbol{A}$ 和 $\boldsymbol{B}$

(A) 相似且合同.　　　　　　　　　(B) 相似但不合同.

(C) 合同但不相似.　　　　　　　　(D) 不合同也不相似.

　建议答题时间　$\leqslant 3$ min　　　　评估　熟练　还可以　有点难　不会

228　已知 $\boldsymbol{A}$ 和 $\boldsymbol{B}$ 都是 n 阶实对称矩阵，下列命题中错误的是

(A) 若 $\boldsymbol{A}$ 和 $\boldsymbol{B}$ 相似，则 $\boldsymbol{A}$ 和 $\boldsymbol{B}$ 合同.

(B) 若 $\boldsymbol{A}$ 和 $\boldsymbol{B}$ 合同，则 $\boldsymbol{A}$ 和 $9\boldsymbol{B}$ 合同.

(C) 若 $\boldsymbol{A}$ 和 $\boldsymbol{B}$ 合同，则 $\boldsymbol{A}+k\boldsymbol{E}$ 和 $\boldsymbol{B}+k\boldsymbol{E}$ 合同.

(D) 若 $\boldsymbol{A}$ 和 $\boldsymbol{B}$ 合同，则 $\boldsymbol{A}$ 和 $\boldsymbol{B}$ 等价.

　建议答题时间　$\leqslant 3$ min　　　　评估　熟练　还可以　有点难　不会

229 设 A 是 n 阶实对称矩阵,将 A 的第 i 列和第 j 列对换得到 B,再将 B 的第 i 行和第 j 行对换得到 C,则 A 与 C

(A) 等价但不相似.　　　　　　　(B) 合同但不相似.

(C) 相似但不合同.　　　　　　　(D) 等价、合同且相似.

 建议答题时间 $\leqslant 3$ min　　　　　**评估** 熟练 | 还可以 | 有点难 | 不会

答题区域　　　　　　　　　　　纠错笔记

230 设 $\alpha_1 = (1, -2, 1)^T, \alpha_2 = (1, -1, 1)^T$,若 $\alpha_1, \alpha_2, \alpha_3$ 是向量空间 $\mathbf{R}^3$ 的一组基,则 α_3 是

(A)$(-1, 1, -1)^T$.　　(B)$(1, 0, 1)^T$.　　(C)$(0, 1, 0)^T$.　　(D)$(0, 0, 1)^T$.

建议答题时间 $\leqslant 3$ min　　　　　**评估** 熟练 | 还可以 | 有点难 | 不会

答题区域　　　　　　　　　　　纠错笔记

解 答 题

231 设 n 阶矩阵 A 和 B 满足条件 $AB = A + B$.

(1) 证明 $A - E$ 可逆.

(2) 求秩 $r(AB - BA + 2E)$.

(3) 如果 $B = \begin{bmatrix} 1 & 1 & 0 \\ 0 & 3 & 1 \\ 1 & 0 & 1 \end{bmatrix}$，求矩阵 A.

建议答题时间 ≤ 10 min   评估

答题区域   纠错笔记

232 已知矩阵 $A = \begin{bmatrix} 1 & 1 & 0 \\ 0 & 1 & -1 \\ 1 & 0 & 1 \end{bmatrix}$ 和 $B = \begin{bmatrix} 1 & -2 & 0 \\ 0 & a & 3 \\ 0 & 0 & 1 \end{bmatrix}$ 等价，求 a 的值并求一个满足要求的可逆矩阵 P 和 Q 使 $PAQ = B$.

建议答题时间 ≤ 12 min   评估 熟练 还可以 有点难 不会

答题区域   纠错笔记

233 已知向量组 $\boldsymbol{\alpha}_1 = (1,4,0,2)^T, \boldsymbol{\alpha}_2 = (2,7,1,3)^T, \boldsymbol{\alpha}_3 = (0,1,-1,a)^T, \boldsymbol{\alpha}_4 = (3,10, b,4)^T$ 线性相关.

（1）求 a,b 的值.

（2）判断 $\boldsymbol{\alpha}_4$ 能否由 $\boldsymbol{\alpha}_1, \boldsymbol{\alpha}_2, \boldsymbol{\alpha}_3$ 线性表示？如能就写出表达式.

（3）求向量组 $\boldsymbol{\alpha}_1, \boldsymbol{\alpha}_2, \boldsymbol{\alpha}_3, \boldsymbol{\alpha}_4$ 的一个极大线性无关组.

234 设矩阵 $\boldsymbol{A} = \begin{bmatrix} 1 & 0 & 2 \\ 1 & -1 & 0 \\ 0 & 1 & 2 \end{bmatrix}$ 经初等行变换变为矩阵 $\boldsymbol{B} = \begin{bmatrix} -1 & 2 & 2 \\ 2 & -1 & 2 \\ -2 & 2 & a \end{bmatrix}$.

（1）求 a 的值；

（2）求满足 $\boldsymbol{PA} = \boldsymbol{B}$ 的所有可逆矩阵 $\boldsymbol{P}$.

235　设向量组（Ⅰ）$\boldsymbol{\alpha}_1 = (1,2,-3)^T$，$\boldsymbol{\alpha}_2 = (3,0,-8)^T$，$\boldsymbol{\alpha}_3 = (9,6,-25)^T$.

　　　　向量组（Ⅱ）$\boldsymbol{\beta}_1 = (0,1,-1)^T$，$\boldsymbol{\beta}_2 = (a,2,-3)^T$，$\boldsymbol{\beta}_3 = (b,1,0)^T$.

若 $r(Ⅰ) = r(Ⅱ)$ 且 $\boldsymbol{\beta}_2$ 可由（Ⅰ）线性表出，求 a,b 的值，并判断向量组（Ⅰ）（Ⅱ）是否等价.

建议答题时间 $\leqslant 12$ min　　　**评估**　熟练　还可以　有点难　不会

 答题区域

纠错笔记

236　（2017，数农）设向量 $\boldsymbol{\beta} = (1,1,2)^T$ 是矩阵 $\boldsymbol{A} = \begin{bmatrix} 1 & a & -1 \\ 1 & 1 & -1 \\ 0 & 4 & b \end{bmatrix}$ 的特征向量.

（1）求 a,b 的值.

（2）求方程组 $\boldsymbol{A}^2 \boldsymbol{x} = \boldsymbol{\beta}$ 的通解.

建议答题时间 $\leqslant 12$ min　　　**评估**　熟练　还可以　有点难　不会

 答题区域

纠错笔记

237 （2018，数农）已知 $A(1,1),B(2,2),C(a,1)$ 为坐标平面上的点，其中 a 为参数，问是否存在经过点 A,B,C 的曲线 $y=k_1x+k_2x^2+k_3x^3$？如果存在，求出曲线方程.

 建议答题时间 $\leqslant 15$ min　　 评估　熟练　还可以　有点难　不会

238 设方程组

$$\begin{cases} x_1-2x_2+3x_3+4x_4=5, \\ 2x_1-4x_2+5x_3+6x_4=7, \\ 4x_1+ax_2+9x_3+10x_4=11. \end{cases}$$

（1）当 a 为何值时方程组有解？并求其通解.

（2）求方程组满足 $x_1=x_2$ 的所有解.

 建议答题时间 $\leqslant 12$ min　　 评估　熟练　还可以　有点难　不会

239 设 $A = \begin{bmatrix} 1 & 1 & 1 \\ 1 & 2 & a \\ 1 & 4 & a^2 \end{bmatrix}, \boldsymbol{\beta} = \begin{bmatrix} 1 \\ 3 \\ 7 \end{bmatrix}$，当 a 为何值时，方程组 $Ax = \boldsymbol{\beta}$ 有无穷多解？此时求方程组的通解.

 建议答题时间 $\leqslant 12$ min   评估 | 熟练 | 还可以 | 有点难 | 不会 |

答题区域

纠错笔记

240 已知 A 是 n 阶矩阵，证明 $A^2 = A$ 的充分必要条件是 $r(A) + r(A - E) = n$.

建议答题时间 $\leqslant 10$ min   评估 | 熟练 | 还可以 | 有点难 | 不会 |

答题区域

纠错笔记

241 （1）设 A，B 均为 3 阶矩阵，证明方程组 $Ax = 0$ 与 $Bx = 0$ 同解的充分必要条件为 $r(A) = r(B) = r\begin{pmatrix} A \\ B \end{pmatrix}$.

（2）若 $A = \begin{bmatrix} 1 & 0 & 1 \\ 0 & 1 & 1 \\ 0 & 0 & 0 \end{bmatrix}$，$B = \begin{bmatrix} 1 & 0 & a \\ 0 & 1 & 1 \\ 0 & 2 & 2 \end{bmatrix}$，且方程组 $Ax = 0$ 与 $Bx = 0$ 不同解，确定数 a 满足的条件.

 建议答题时间 $\leqslant$ 10 min　　　　 评估　熟练｜还可以｜有点难｜不会

答题区域

纠错笔记

242 已知 A 是三阶矩阵，α_1，α_2，α_3 是三维线性无关的列向量，且满足

$$A\alpha_1 = 3\alpha_1 + 4\alpha_3,\ A\alpha_2 = 2\alpha_1 - \alpha_2 + 2\alpha_3,\ A\alpha_3 = -2\alpha_1 - 3\alpha_3.$$

（1）求矩阵 A 的特征值.

（2）判断矩阵 A 能否相似对角化，说明理由.

（3）求秩 $r(A^2 + A)$.

 建议答题时间 $\leqslant$ 15 min　　　　 评估　熟练｜还可以｜有点难｜不会

答题区域

纠错笔记

243 已知 $A = \begin{bmatrix} 2 & a & 1 \\ 0 & -1 & 0 \\ 3 & 2 & 0 \end{bmatrix}$ 有 3 个线性无关的特征向量，求 a 并求 A^n.

 建议答题时间 $\leqslant 12$ min

评估 熟练 还可以 有点难 不会

244 设 A 为 3 阶矩阵，$\boldsymbol{\alpha}_1, \boldsymbol{\alpha}_2, \boldsymbol{\alpha}_3$ 均为 3 维非零列向量，且 $A\boldsymbol{\alpha}_i = (i-1)\boldsymbol{\alpha}_i, i = 1, 2, 3$.

（1）证明向量组 $\boldsymbol{\alpha}_1, \boldsymbol{\alpha}_2, \boldsymbol{\alpha}_3$ 线性无关；

（2）若 $\boldsymbol{\alpha}_1 = \begin{bmatrix} a \\ b \\ 1 \end{bmatrix}, \boldsymbol{\alpha}_2 = \begin{bmatrix} c \\ 1 \\ 0 \end{bmatrix}, \boldsymbol{\alpha}_3 = \begin{bmatrix} 1 \\ 0 \\ 0 \end{bmatrix}$，求矩阵 A.

 建议答题时间 $\leqslant 10$ min

评估 熟练 还可以 有点难 不会

245 已知矩阵 $A = \begin{bmatrix} 3 & 1 & 2 \\ 0 & 2 & 0 \\ t-1 & -1 & t \end{bmatrix}$ 有二重特征值.

（1）求 t 的值；

（2）A 能否相似于对角矩阵？若能，求可逆矩阵 P，使得 $P^{-1}AP$ 为对角矩阵.

建议答题时间 ≤ 12 min　　**评估**　熟练　还可以　有点难　不会

246 设 A 为 3 阶矩阵，$\alpha_1, \alpha_2, \alpha_3$ 均为 3 维列向量，且 $\alpha_1 \neq 0$，若 $A\alpha_1 = 0, A\alpha_2 = \alpha_1, A\alpha_3 = \alpha_2$.

（1）证明向量组 $\alpha_1, \alpha_2, \alpha_3$ 线性无关；

（2）矩阵 A 能否对角化？为什么？

建议答题时间 ≤ 10 min　　**评估**　熟练　还可以　有点难　不会

247 设 A 为 3 阶矩阵，$\boldsymbol{\alpha}_1,\boldsymbol{\alpha}_2,\boldsymbol{\alpha}_3$ 为 3 维列向量，且 $A\boldsymbol{\alpha}_1 = \boldsymbol{\alpha}_1$，$A\boldsymbol{\alpha}_2 = 2\boldsymbol{\alpha}_1 + t\boldsymbol{\alpha}_2$，$A\boldsymbol{\alpha}_3 = \boldsymbol{\alpha}_1 + 2\boldsymbol{\alpha}_3$，若 $\boldsymbol{\alpha}_1,\boldsymbol{\alpha}_2,\boldsymbol{\alpha}_3$ 线性无关，问矩阵 A 能否相似于对角矩阵，为什么？

建议答题时间 $\leqslant 10$ min 　　评估 熟练 | 还可以 | 有点难 | 不会

 答题区域　　 纠错笔记

248 设三阶实对称矩阵 A 的特征值是 $1,-2,0$，矩阵属于特征值 $1,-2$ 的特征向量分别是 $\boldsymbol{\alpha}_1 = (-1,-1,1)^{\mathrm{T}}$，$\boldsymbol{\alpha}_2 = (1,a,-1)^{\mathrm{T}}$.

（1）求 A 属于特征值 0 的特征向量.

（2）求二次型 $\boldsymbol{x}^{\mathrm{T}}A\boldsymbol{x}$.

（3）若二次型 $\boldsymbol{x}^{\mathrm{T}}(A+k\boldsymbol{E})\boldsymbol{x}$ 的规范形是 $y_1^2 + y_2^2 - y_3^2$，求 k.

建议答题时间 $\leqslant 12$ min 　　评估 熟练 | 还可以 | 有点难 | 不会

答题区域　　 纠错笔记

249 二次型 $x^T Ax = 2x_2^2 + 2x_1x_2 - 2x_1x_3 + 2ax_2x_3$ 的秩为 2.

（1）求 a 的值.

（2）求正交变换 $x = Qy$ 化二次型为标准形,并写出所用坐标变换.

（3）若 $A + kE$ 是正定矩阵,求 k.

 建议答题时间 $\leqslant 12$ min   评估 熟练 还可以 有点难 不会

 答题区域

纠错笔记

250 已知二次型 $f(x_1, x_2, x_3) = x_1^2 + (a+3)x_2^2 + ax_3^2 + 4x_1x_2 + 2x_2x_3 - 2x_1x_3$ 的规范形为 $z_1^2 - z_2^2$. 求 a 的值与将其化为规范形的可逆线性变换.

 建议答题时间 $\leqslant 15$ min   评估 熟练 还可以 有点难 不会

答题区域

纠错笔记

251 已知二次型 $f(x_1, x_2, x_3) = x^T(\alpha\alpha^T + \beta\beta^T)x$，其中设 $\alpha = \begin{pmatrix} 1 \\ a \\ 1 \end{pmatrix}, \beta = \begin{pmatrix} 2 \\ 0 \\ -2 \end{pmatrix}$.

(1) 求方程组 $(\alpha\alpha^T + \beta\beta^T)x = 0$ 的解；

(2) 求正交变换 $x = Py$，化二次型 $f(x_1, x_2, x_3)$ 为标准形.

| 建议答题时间 | $\leqslant 12$ min | | 评估 | 熟练 | 还可以 | 有点难 | 不会 |

答题区域

纠错笔记

252 已知二次型 $f(x_1, x_2, x_3) = x_1^2 + 2x_2^2 + 2x_3^2 + 2x_1x_2 + 2x_1x_3$ 经正交变换 $x = Qy$，化为二次型 $g(y_1, y_2, y_3) = y_1^2 + y_2^2 + ty_3^2 - 2y_1y_2$，求 t 的值，并求正交变换矩阵 Q.

| 建议答题时间 | $\leqslant 12$ min | | 评估 | 熟练 | 还可以 | 有点难 | 不会 |

答题区域

纠错笔记

253 已知二次型 $f(x_1,x_2,x_3)=x_1^2+2x_2^2+2x_3^2+2x_1x_2+2x_1x_3$ 经可逆线性变换 $x=Py$，化为二次型 $g(y_1,y_2,y_3)=y_1^2+y_2^2+ty_3^2-2y_1y_2$，求参数 t 满足的条件，并求变换矩阵 P.

 建议答题时间 $\leqslant 15$ min   评估 熟练 | 还可以 | 有点难 | 不会

254 已知二次型 $f(x_1,x_2,x_3)=x_1^2+x_3^2-6x_1x_3$ 与 $g(y_1,y_2,y_3)=y_1^2-y_2^2-y_3^2-2y_2y_3$.

（1）是否存在正交变换 $x=Qy$，使得二次型 $f(x_1,x_2,x_3)$ 化为二次型 $g(y_1,y_2,y_3)$？

（2）是否存在可逆线性变换 $x=Py$，使得二次型 $f(x_1,x_2,x_3)$ 化为二次型 $g(y_1,y_2,y_3)$？若存在，求变换矩阵 P.

 建议答题时间 $\leqslant 10$ min   评估 熟练 | 还可以 | 有点难 | 不会

255 已知 A 是 3 阶矩阵，满足 $A^2 - 2A - 3E = O$.

(1) 证明 A 可逆，并求 A^{-1}.

(2) 若 $|A + 2E| = 25$，求 $|A - E|$ 的值.

(3) 证明 $A^{\mathrm{T}}A$ 是正定矩阵.

建议答题时间 $\leqslant 15$ min　　　　　　**评估** 熟练 | 还可以 | 有点难 | 不会

答题区域　　　　　　　　　　　　**纠错笔记**

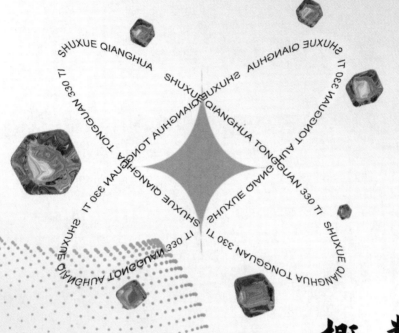

数理统计

概率论与

填 空 题

256 　10个同规格的零件中混入 3 个次品，现进行逐个检查，则查完 5 个零件时正好查出 3 个次品的概率为_____．

| 建议答题时间 | $\leqslant 3\ \min$ | 评估 | 熟练 | 还可以 | 有点难 | 不会 |

答题
区域

纠错
笔记

257 　设随机变量 X 与 Y 的概率分布分别为

X	0	1
P	$\dfrac{1}{3}$	$\dfrac{2}{3}$

和

Y	-1	0	1
P	$\dfrac{1}{3}$	$\dfrac{1}{3}$	$\dfrac{1}{3}$

，且 $P\{X^2=Y^2\}=1$，

则 $P\{X+Y=0\}=$_____．

| 建议答题时间 | $\leqslant 4\ \min$ | 评估 | 熟练 | 还可以 | 有点难 | 不会 |

答题
区域

纠错
笔记

258 设 A、B 两事件相互独立，且 $P(A) = P(B) = \dfrac{1}{2}$，又设
$$C = (A \cup B)(\overline{A} \cup B)(A \cup \overline{B}),$$
则 $P(\overline{C}) = $ _____.

建议答题时间 $\leqslant 3$ min　评估　熟练　还可以　有点难　不会

答题区域　　　纠错笔记

259 在区间 $(0,1)$ 中随机地取出两个数，则"两数之积小于 $\dfrac{1}{2}$"的概率为 _____.

建议答题时间 $\leqslant 3$ min　评估　熟练　还可以　有点难　不会

答题区域　　　纠错笔记

260 设随机变量 X 的概率分布 $P\{X=k\} = \dfrac{a}{k(k+1)}, k=1,2,\cdots$, 其中 a 为常数. X 的

分布函数为 $F(x)$, 已知 $F(b) = \dfrac{3}{4}$, 则 b 的取值范围应为_____.

建议答题时间 $\leqslant 3$ min　　　　　　**评估**　熟练　还可以　有点难　不会

261 设 (X,Y) 的概率密度为 $f(x,y) = \begin{cases} 1, & 0 \leqslant y \leqslant x \leqslant 2-y, \\ 0, & \text{其他}. \end{cases}$

则 X 的边缘概率密度为_____.

建议答题时间 $\leqslant 4$ min　　　　　　**评估**　熟练　还可以　有点难　不会

262 设 X 是服从参数为 2 的指数分布的随机变量,则随机变量 $Y = X - \dfrac{1}{2}$ 的概率密度函数 $f_Y(y) =$ _____.

建议答题时间 $\leqslant 3$ min   评估 熟练 还可以 有点难 不会

答题区域   纠错笔记

263 设随机变量 X 服从参数为 2 的指数分布,a 为大于 2 的常数,已知 $P\{X \leqslant a \mid X > 2\} = 1 - e^{-2}$,则 $a =$ _____.

建议答题时间 $\leqslant 2$ min   评估 熟练 还可以 有点难 不会

答题区域   纠错笔记

264 设 (X,Y) 的概率密度为 $f(x,y) = \begin{cases} 1, & 0 \leqslant y \leqslant x \leqslant 2-y, \\ 0, & \text{其他.} \end{cases}$

则随机变量 $Z = X - Y$ 的概率密度 $f_Z(z)$ 应为 _____.

 建议答题时间 $\leqslant 4$ min 评估 熟练 还可以 有点难 不会

 答题区域

纠错笔记

265 已知随机变量 X 服从参数为 $\lambda(\lambda > 0)$ 的指数分布,且随机变量

$$Y = \begin{cases} X, & |X| \leqslant 1, \\ -X, & |X| > 1, \end{cases} \text{则 } P\left\{Y \leqslant \frac{1}{2}\right\} = \underline{\qquad}.$$

 建议答题时间 $\leqslant 3$ min 评估 熟练 还可以 有点难 不会

 答题区域

 纠错笔记

266 设随机变量 $X \sim N(0,1)$，在 $X = x$ 条件下，随机变量 $Y \sim N(x,1)$，则 Y 的方差 $DY = $ _____.

建议答题时间 ≤ 4 min　　评估　熟练　还可以　有点难　不会

答题区域　　　纠错笔记

267 假设随机变量 X 服从参数为 λ 的指数分布，$Y = |X|$，则 (X,Y) 的联合分布函数 $F(x,y) = $ _____.

建议答题时间 ≤ 3 min　　评估　熟练　还可以　有点难　不会

答题区域　　　纠错笔记

268 已知随机变量 X 与 Y 都服从正态分布 $N(\mu, \sigma^2)$，如果 $P\{\max(X,Y) > \mu\} = a(0 < a < 1)$，则 $P\{\min(X,Y) \leqslant \mu\} = $ _____.

269 某网站在时间间隔 $(0, t]$（单位：分钟）内收到的访问次数服从参数为 t 的泊松分布，则收到第一个访问的等待时间大于 1 分钟的概率为 _____.

270 假设随机变量 X 在 $[-1,1]$ 上服从均匀分布，a 是区间 $[-1,1]$ 上的一个定点，Y 为点 X 到 a 的距离，当 $a =$ _____ 时，随机变量 X 与 Y 不相关.

建议答题时间 $\leqslant 3$ min   **评估** 熟练 还可以 有点难 不会

答题区域   纠错笔记

271 已知随机变量 X 在 $(1,2)$ 上服从均匀分布，在 $X = x(1 < x < 2)$ 的条件下 Y 服从参数为 x 的指数分布，则 $\mathrm{Cov}(X,Y) =$ _____.

建议答题时间 $\leqslant 4$ min   **评估** 熟练 还可以 有点难 不会

答题区域   纠错笔记

272 设二维随机变量 (X,Y) 服从的分布及参数为 $N\left(0,0;1,1;\dfrac{1}{2}\right)$，则二维随机变量 $(X+Y,X-Y)$ 服从的分布及参数为_____.

建议答题时间 $\leqslant 3$ min

评估 | 熟练 | 还可以 | 有点难 | 不会

答题区域

纠错笔记

273 设随机变量 $X \sim B(n,p)$，且 $E(X) = 3.2, D(X) = 0.64$，则 $P\{X \neq 0\} = $ _____.

建议答题时间 $\leqslant 4$ min

评估 | 熟练 | 还可以 | 有点难 | 不会

答题区域

纠错笔记

274 设随机变量列 $X_1, X_2, \cdots, X_n, \cdots$ 相互独立且同分布，则 $X_1, X_2, \cdots, X_n, \cdots$ 服从辛钦大数定律，只要随机变量 $X_i(i = 1, 2, \cdots, n, \cdots)$ _____.

建议答题时间 $\leqslant 2$ min

评估 熟练 还可以 有点难 不会

答题区域

纠错笔记

275 设 X 与 Y 都服从正态分布 $N(0, \sigma^2)$，已知 $X_1, X_2, \cdots, X_n$ 与 $Y_1, Y_2, \cdots, Y_n$ 为分别来自总体 X 与 Y 的两个相互独立的简单随机样本，它们的样本均值与样本方差分别为 $\overline{X}, \overline{Y}$ 和 S_X^2, S_Y^2，则统计量 $F = \dfrac{n(\overline{X} - \overline{Y})^2}{S_X^2 + S_Y^2}$ 服从的分布和参数为 _____.

建议答题时间 $\leqslant 4$ min

评估 熟练 还可以 有点难 不会

答题区域

纠错笔记

276 已知 (X,Y) 的概率密度为 $f(x,y)=\dfrac{1}{12\pi}e^{-\frac{1}{72}(9x^2+4y^2-8y+4)}$，则 $\dfrac{9X^2}{4(Y-1)^2}$ 服从的分布及参数为_____.

建议答题时间 ≤ 4 min　　评估　熟练　还可以　有点难　不会

答题区域　　纠错笔记

277 设 $X_1,X_2,\cdots,X_n$ 为来自总体 $X\sim N(\mu,\sigma^2)$ 的简单随机样本，记样本方差为 S^2，则 $D(S^2)=$_____.

建议答题时间 ≤ 4 min　　评估　熟练　还可以　有点难　不会

答题区域　　纠错笔记

278 假设 $X_1, X_2, \cdots, X_{16}$ 是来自正态总体 $N(\mu, \sigma^2)$ 的简单随机样本，$\overline{X}$ 为样本均值，S^2 为样本方差，如果 $P\{\overline{X} > \mu + aS\} = 0.95$，则 $a =$ _____. ($t_{0.05}(15) = 1.7531$).

建议答题时间 $\leqslant 4$ min　　　　　**评估** 熟练 | 还可以 | 有点难 | 不会

答题区域　　　　　　　　　　　　　**纠错笔记**

279 设 $x_1, x_2, \cdots, x_n$ 为来自总体 $N(\mu, \sigma^2)$ 的样本值，其平均值 $\overline{x} = 9.0$，参数 μ 的置信度为 0.90 的双侧置信区间的置信下限为 7.8，则 μ 的置信度为 0.90 的双侧置信上限为 _____.

建议答题时间 $\leqslant 3$ min　　　　　**评估** 熟练 | 还可以 | 有点难 | 不会

答题区域　　　　　　　　　　　　　**纠错笔记**

280 设 $X_1, X_2, \cdots, X_n$ 是来自正态总体 $N(\mu, \sigma^2)$ 的简单随机样本,其中 μ 为已知,σ^2 未知,记 $\overline{X} = \frac{1}{n}\sum_{i=1}^{n}X_i, Q^2 = \sum_{i=1}^{n}(X_i - \mu)^2$,对假设 $H_0 : \sigma^2 = \sigma_0^2$,采用 χ^2 检测,统计量为_____.

建议答题时间 ⩽ 4 min

评估　熟练　还可以　有点难　不会

答题区域

纠错笔记

选　择　题

281 设 A,B 为两个随机事件，且 $0 < P(A) < 1, 0 < P(B) < 1$，则 $P(A \mid B) = 1$ 的充分必要条件是

(A) $P(\overline{A} \mid \overline{B}) = 1$. 　　　　　(B) $P(B \mid A) = 1$.

(C) $P(\overline{B} \mid \overline{A}) = 1$. 　　　　　(D) $P(B \mid \overline{A}) = 1$.

 建议答题时间 $\leqslant 3$ min 　　　　　评估 | 熟练 | 还可以 | 有点难 | 不会 |

答题区域

纠错笔记

282 袋中装有 $2n-1$ 个白球，$2n$ 个黑球，一次取出 n 个球，发现都是同一种颜色，则这种颜色是黑色的概率为

(A) $\dfrac{n}{4n-1}$. 　　(B) $\dfrac{n}{3n-1}$. 　　(C) $\dfrac{1}{3}$. 　　(D) $\dfrac{2}{3}$.

建议答题时间 $\leqslant 4$ min 　　　　　评估 | 熟练 | 还可以 | 有点难 | 不会 |

答题区域

纠错笔记

283 连续抛掷一枚硬币,在第 n 次抛掷时,出现第 k 次$(k\leqslant n)$正面向上的概率为

(A)$C_n^k\left(\dfrac{1}{2}\right)^{n-1}$. (B)$C_n^k\left(\dfrac{1}{2}\right)^{n}$. (C)$C_{n-1}^{k-1}\left(\dfrac{1}{2}\right)^{n-1}$. (D)$C_{n-1}^{k-1}\left(\dfrac{1}{2}\right)^{n}$.

 建议答题时间 $\leqslant 2\ \mathrm{min}$ 评估 熟练 还可以 有点难 不会

284 盒子中有 A 和 B 两类电子产品各一半,A 类产品的寿命服从指数分布 $E(1)$,B 类产品的寿命服从指数分布 $E(2)$.随机地从盒子中取一个电子产品,以 X 表示所取产品的寿命,则 X 的概率密度 $f(x)$ 为

(A)$f(x)=\begin{cases}\mathrm{e}^{-x}+\mathrm{e}^{-2x}, & x>0,\\ 0, & \text{其他.}\end{cases}$ (B)$f(x)=\begin{cases}\dfrac{1}{2}\mathrm{e}^{-x}+\dfrac{1}{2}\mathrm{e}^{-2x}, & x>0,\\ 0, & \text{其他.}\end{cases}$

(C)$f(x)=\begin{cases}\dfrac{1}{2}\mathrm{e}^{-x}+\mathrm{e}^{-2x}, & x>0,\\ 0, & \text{其他.}\end{cases}$ (D)$f(x)=\begin{cases}\mathrm{e}^{-x}+2\mathrm{e}^{-2x}, & x>0,\\ 0, & \text{其他.}\end{cases}$

 建议答题时间 $\leqslant 4\ \mathrm{min}$ 评估 熟练 还可以 有点难 不会

285 设随机变量 X_i 的分布函数为 $F_i(x)$，概率密度函数为 $f_i(x)(i=1,2)$. 对任意常数 $a(0<a<1)$

(A) $F_2(x)+a[F_2(x)-F_1(x)]$ 是分布函数.

(B) $aF_1(x)F_2(x)$ 是分布函数.

(C) $f_2(x)+a[f_1(x)-f_2(x)]$ 是概率密度函数.

(D) $f_1(x)f_2(x)$ 是概率密度函数.

建议答题时间 $\leqslant 4$ min **评估** 熟练 还可以 有点难 不会

答题区域

纠错笔记

286 已知随机变量 X_1 与 X_2 具有相同的分布函数 $F(x)$，设 $X=X_1+X_2$ 的分布函数为 $G(x)$，则有

(A) $G(2x)=2F(x)$.

(B) $G(2x)=F(x)\cdot F(x)$.

(C) $G(2x)\leqslant 2F(x)$.

(D) $G(2x)\geqslant 2F(x)$.

建议答题时间 $\leqslant 4$ min **评估** 熟练 还可以 有点难 不会

答题区域

纠错笔记

287 随机变量 X,Y 相互独立,且 X 服从正态分布 $N(0,2)$,Y 服从正态分布 $N(-1,1)$. 若 $P\{2X-Y<a\}=P\{X>2Y\}$,则 $a=$

(A) $\sqrt{6}-1$.   (B) $\sqrt{6}+1$.   (C) $\sqrt{6}-2$.   (D) $\sqrt{6}+2$.

 建议答题时间 $\leqslant 3$ min   评估 熟练 还可以 有点难 不会

288 设随机变量 X 的密度函数为

$$f(x)=\begin{cases} Ae^{-x}, & x>\lambda, \\ 0, & x\leqslant\lambda \end{cases}(\lambda>0).$$

则概率 $P\{\lambda<X<\lambda+a\}(a>0)$ 的值

(A) 与 a 无关,随 λ 的增大而增大.   (B) 与 a 无关,随 λ 的增大而减小.

(C) 与 λ 无关,随 a 的增大而增大.   (D) 与 λ 无关,随 a 的增大而减小.

 建议答题时间 $\leqslant 3$ min   评估 熟练 还可以 有点难 不会

289 设随机变量 $X \sim N(0,1)$，其分布函数为 $\Phi(x)$，则随机变量 $Y = \min\{X, 0\}$ 的分布函数 $F(y)$ 为

(A) $F(y) = \begin{cases} 1, & y > 0, \\ \Phi(y), & y \leqslant 0. \end{cases}$　　(B) $F(y) = \begin{cases} 1, & y \geqslant 0, \\ \Phi(y), & y < 0. \end{cases}$

(C) $F(y) = \begin{cases} 0, & y \leqslant 0, \\ \Phi(y), & y > 0. \end{cases}$　　(D) $F(y) = \begin{cases} 0, & y < 0, \\ \Phi(y), & y \geqslant 0. \end{cases}$

 建议答题时间 $\leqslant 3$ min　　评估　熟练｜还可以｜有点难｜不会

答题区域　　　纠错笔记

290 设连续型随机变量 X 的分布函数

$$F(x) = \begin{cases} A + Be^{-\lambda x}, & x > 0, \\ 0, & x \leqslant 0 \end{cases} \quad (\lambda > 0),$$

则 $P\{-1 \leqslant X < 1\} =$

(A) $e^{\lambda} - e^{-\lambda}$.　　(B) $1 - e^{-\lambda}$.　　(C) $\dfrac{1}{2}(1 + e^{-\lambda})$.　　(D) $\dfrac{1}{2}(1 + e^{\lambda})$.

 建议答题时间 $\leqslant 3$ min　　评估　熟练｜还可以｜有点难｜不会

答题区域　　　纠错笔记

291 设随机变量 X_1, X_2, X_3, X_4 均服从分布 $B\left(1, \frac{1}{2}\right)$,则

(A)$X_1 + X_2$ 与 $X_3 + X_4$ 同分布.　　(B)$X_1 - X_2$ 与 $X_3 - X_4$ 同分布.

(C)(X_1, X_2) 与 (X_3, X_4) 同分布.　　(D)X_1, X_2^2, X_3^3, X_4^4 同分布.

292 设相互独立的随机变量 X 和 Y 均服从 $P(1)$ 分布,则 $P\{X=1 \mid X+Y=2\}$ 的值为

(A) $\frac{1}{2}$.　　　(B) $\frac{1}{4}$.　　　(C) $\frac{1}{6}$.　　　(D) $\frac{1}{8}$.

293 设随机变量 X 和 Y 相互独立同分布，已知
$$P\{X=k\} = p(1-p)^{k-1}, k=1,2,\cdots,0<p<1,$$
则 $P\{X>Y\}$ 的值为

(A) $\dfrac{p}{2-p}$.　　(B) $\dfrac{1-p}{2-p}$.　　(C) $\dfrac{p}{1-p}$.　　(D) $\dfrac{2p}{1-p}$.

建议答题时间 $\leqslant 4$ min　　评估　熟练　还可以　有点难　不会

答题区域　　纠错笔记

294 设随机变量 $X \sim N(1,9), Y \sim N(2,4)$. 记 $p_1 = P\{Y>4\}, p_2 = P\{X<0\}, p_3 = P\{Y<0\}$,则

(A) $p_1 = p_3 < p_2$.　(B) $p_1 = p_2 < p_3$.　　(C) $p_2 < p_1 = p_3$.　　(D) $p_1 < p_2 = p_3$.

建议答题时间 $\leqslant 4$ min　　评估　熟练　还可以　有点难　不会

答题区域　　纠错笔记

295 现有 10 张奖券,其中 8 张 2 元,2 张 5 元,今从中一次取三张,则得奖金 X 的数学期望 EX 为

(A)6.　　　　　(B)7.8.　　　　　(C)8.4.　　　　　(D)9.

 建议答题时间 $\leqslant 4$ min 　　　　　评估　熟练　还可以　有点难　不会

296 设随机变量 $X \sim B\left(1,\dfrac{1}{2}\right)$,$Y \sim B\left(1,\dfrac{1}{2}\right)$.已知 X 与 Y 的相关系数 $\rho = 1$,则 $P\{X = 0,Y = 1\}$ 的值必为

(A)0.　　　　　(B)$\dfrac{1}{4}$.　　　　　(C)$\dfrac{1}{2}$.　　　　　(D)1.

建议答题时间 $\leqslant 3$ min 　　　　　评估　熟练　还可以　有点难　不会

297 设随机变量 X 与 Y 的方差均为正,则 X 与 Y 的相关系数 $\rho = 1$ 的充要条件为

(A)$Y = X + b$(其中 b 为任意常数).　　(B)$DX = DY = \text{Cov}(X,Y)$.

(C)$DX = DY = \sqrt{\text{Cov}(X,Y)}$.　　(D)$D(X + Y) = (\sqrt{DX} + \sqrt{DY})^2$.

建议答题时间 $\leqslant 3$ min　　评估 熟练 还可以 有点难 不会

答题区域

纠错笔记

298 已知 (X,Y) 服从二维正态分布,$EX = EY = \mu$,$DX = DY = \sigma^2$,X 与 Y 的相关系数 $\rho \neq 0$,则 X 与 Y

(A)独立且有相同的分布.　　(B)独立且有不同的分布.

(C)不独立且有相同的分布.　　(D)不独立且有不同的分布.

建议答题时间 $\leqslant 2$ min　　评估 熟练 还可以 有点难 不会

答题区域

纠错笔记

299 设随机变量 X 的概率密度为 $f(x)=\begin{cases}2x, & 0<x<1,\\ 0, & \text{其他}.\end{cases}$ $F(x)$ 为 X 的分布函数,则随机变量 $Y=[F(X)]^2$ 的数学期望 EY 为

(A) $\dfrac{1}{4}$.　　　　(B) $\dfrac{1}{3}$.　　　　(C) $\dfrac{1}{2}$.　　　　(D)1.

建议答题时间 ≤ 3 min　　　**评估**　熟练　还可以　有点难　不会

300 已知随机变量 $X_n(n=1,2,\cdots)$ 相互独立且都在 $(-1,1)$ 上服从均匀分布,根据独立同分布中心极限定理有 $\lim\limits_{n\to\infty}P\left\{\sum\limits_{i=1}^{n}X_i\leqslant\sqrt{n}\right\}$ 等于(结果用标准正态分布函数 $\Phi(x)$ 表示)

(A)$\Phi(0)$.　　　　(B)$\Phi(1)$.　　　　(C)$\Phi(\sqrt{3})$.　　　　(D)$\Phi(2)$.

建议答题时间 ≤ 3 min　　　**评估**　熟练　还可以　有点难　不会

301 设 $X_1, \cdots, X_n$ 是取自正态总体 $N(\mu, \sigma^2)$ 的简单随机样本，其均值和方差分别为 $\overline{X}$, S^2，则可以作出服从自由度为 n 的 χ^2 分布的统计量为

(A) $\dfrac{\overline{X}^2}{\sigma^2} + \dfrac{(n-1)S^2}{\sigma^2}$.

(B) $\dfrac{n\overline{X}^2}{\sigma^2} + \dfrac{(n-1)S^2}{\sigma^2}$.

(C) $\dfrac{(\overline{X}-\mu)^2}{\sigma^2} + \dfrac{(n-1)S^2}{\sigma^2}$.

(D) $\dfrac{n(\overline{X}-\mu)^2}{\sigma^2} + \dfrac{(n-1)S^2}{\sigma^2}$.

建议答题时间 $\leqslant 5$ min   **评估** 熟练 | 还可以 | 有点难 | 不会

答题区域   **纠错笔记**

302 设 $X_1, X_2, \cdots, X_n$ 是取自正态总体 $N(0, \sigma^2)$ 的简单随机样本，$\overline{X}$ 是样本均值，记

$$S_1^2 = \frac{1}{n-1}\sum_{i=1}^{n}(X_i - \overline{X})^2,\ S_2^2 = \frac{1}{n}\sum_{i=1}^{n}(X_i - \overline{X})^2,\ S_3^2 = \frac{1}{n-1}\sum_{i=1}^{n}X_i^2,\ S_4^2 = \frac{1}{n}\sum_{i=1}^{n}X_i^2,$$

则可以作出服从自由度为 $n-1$ 的 t 分布统计量为

(A) $t = \dfrac{\overline{X}}{S_1/\sqrt{n-1}}$.

(B) $t = \dfrac{\overline{X}}{S_2/\sqrt{n-1}}$.

(C) $t = \dfrac{\overline{X}}{S_3/\sqrt{n}}$.

(D) $t = \dfrac{\overline{X}}{S_4/\sqrt{n}}$

建议答题时间 $\leqslant 5$ min   **评估** 熟练 | 还可以 | 有点难 | 不会

答题区域   **纠错笔记**

303 设总体 X 与 Y 都服从正态分布 $N(0,\sigma^2)$，$X_1,\cdots,X_n$ 与 $Y_1,\cdots,Y_n$ 分别来自总体 X 和 Y 容量都为 n 的两个相互独立的简单随机样本，样本均值和方差分别为 $\overline{X},S_X^2;\overline{Y},S_Y^2$，则

(A) $\overline{X}-\overline{Y} \sim N(0,\sigma^2)$.

(B) $S_X^2+S_Y^2 \sim \chi^2(2n-2)$.

(C) $\dfrac{\overline{X}-\overline{Y}}{\sqrt{S_X^2+S_Y^2}} \sim t(2n-2)$.

(D) $\dfrac{S_X^2}{S_Y^2} \sim F(n-1,n-1)$.

 建议答题时间 $\leqslant 5$ min　　评估 熟练 还可以 有点难 不会

 纠错笔记

304 已知总体 X 的期望 $EX=0$，方差 $DX=\sigma^2$. $X_1,\cdots,X_n$ 是来自总体 X 的简单随机样本，其均值为 $\overline{X}$，则可以作出 σ^2 的无偏估计量为

(A) $\dfrac{1}{n}\sum_{i=1}^n (X_i-\overline{X})^2$.

(B) $\dfrac{1}{n+1}\sum_{i=1}^n (X_i-\overline{X})^2$.

(C) $\dfrac{1}{n}\sum_{i=1}^n X_i^2$.

(D) $\dfrac{1}{n+1}\sum_{i=1}^n X_i^2$.

 建议答题时间 $\leqslant 5$ min　　评估 熟练 还可以 有点难 不会

纠错笔记

305 设 $X \sim N(3,4^2)$，从总体 X 抽取样本 $X_1,X_2,\cdots,X_{16}$，样本均值为 $\overline{X}$，则

(A) $\overline{X}-3 \sim N(0,1)$.　　　　　　(B) $4(\overline{X}-3) \sim N(0,1)$.

(C) $\dfrac{\overline{X}-3}{4} \sim N(0,1)$.　　　　(D) $\dfrac{\overline{X}-3}{16} \sim N(0,1)$.

建议答题时间 $\leqslant 3$ min　　　**评估** 熟练 还可以 有点难 不会

答题区域　　　　　　　　　　**纠错笔记**

306 设 X_1,X_2,X_3,X_4 为来自总体 $N(1,\sigma^2)(\sigma>0)$ 的简单随机样本，则统计量 $\dfrac{X_1-X_2}{|X_3+X_4-2|}$ 的分布为

(A) $N(0,1)$.　　　(B) $t(1)$.　　　(C) $\chi^2(1)$.　　　(D) $F(1,1)$.

建议答题时间 $\leqslant 3$ min　　　**评估** 熟练 还可以 有点难 不会

答题区域　　　　　　　　　　**纠错笔记**

307 设 $X_1, X_2, \cdots, X_n$ 是来自总体 $X \sim N(\mu, \sigma^2)$ 的样本,其中 μ 已知,$\sigma^2 > 0$ 为未知参数, 样本均值为 $\overline{X}$,则 σ^2 的最大似然估计量为

(A)$\hat{\sigma}^2 = \dfrac{1}{n-1} \sum_{i=1}^{n} (X_i - \overline{X})^2.$ (B)$\hat{\sigma}^2 = \dfrac{1}{n} \sum_{i=1}^{n} (X_i - \overline{X})^2.$

(C)$\hat{\sigma}^2 = \dfrac{1}{n-1} \sum_{i=1}^{n} (X_i - \mu)^2.$ (D)$\hat{\sigma}^2 = \dfrac{1}{n} \sum_{i=1}^{n} (X_i - \mu)^2.$

建议答题时间 $\leqslant 4$ min   **评估** 熟练 | 还可以 | 有点难 | 不会

 答题区域

纠错笔记

308 设 $\hat{\theta}$ 为未知参数 θ 的无偏、一致估计,且 $D\hat{\theta} > 0$,则 $\hat{\theta}^2$ 是 θ^2 的

(A) 无偏,一致估计.   (B) 无偏,非一致估计.

(C) 非无偏,一致估计.   (D) 非无偏,非一致估计.

建议答题时间 $\leqslant 3$ min   **评估** 熟练 | 还可以 | 有点难 | 不会

 答题区域

纠错笔记

309 设 $X_1, X_2, \cdots, X_n$ 是来自 $X \sim P(\lambda)$ 的简单随机样本,则可以构造参数 λ^2 的无偏估计量为

(A) $T = \dfrac{1}{n}\sum_{i=1}^{n} X_i(X_i - 1)$.

(B) $T = \dfrac{1}{n}\sum_{i=1}^{n} X_i^2$.

(C) $T = \left(\dfrac{1}{n}\sum_{i=1}^{n} X_i\right)^2$.

(D) $T = \dfrac{1}{n-1}\sum_{i=1}^{n}\left(X_i - \dfrac{1}{n}\sum_{j=1}^{n} X_j\right)^2$.

建议答题时间 $\leqslant 4$ min

评估 熟练 | 还可以 | 有点难 | 不会

答题区域

纠错笔记

310 设 $X_1, X_2, \cdots, X_n$ 是来自正态总体 $N(\mu, \sigma^2)$ 的样本,其中 μ 和 σ^2 均未知,记 $\overline{X}$ 和 S^2 分别为样本均值和方差,当 $H_0 : \mu = \mu_0$ 成立时,有

(A) $\dfrac{\overline{X} - \mu_0}{\sigma}\sqrt{n} \sim N(0,1)$.

(B) $\dfrac{\overline{X} - \mu_0}{S}\sqrt{n} \sim t(n-1)$.

(C) $\dfrac{\overline{X} - \mu_0}{S}\sqrt{n} \sim t(n)$.

(D) $\dfrac{1}{\sigma^2}\sum_{i=1}^{n}(X_i - \mu_0)^2 \sim \chi^2(n-1)$.

建议答题时间 $\leqslant 4$ min

评估 熟练 | 还可以 | 有点难 | 不会

答题区域

纠错笔记

解　答　题

311　设随机变量 X 和 Y 相互独立，$X \sim N(0,1)$，$Y \sim U[0,1]$，$Z = X+Y$，求 Z 的概率密度函数 $f_Z(z)$.

 建议答题时间　$\leqslant 7$ min　　　　 评估　熟练｜还可以｜有点难｜不会

312　设二维随机变量 (X,Y) 的概率密度为

$$f(x,y) = A e^{-2x^2-y^2}, \quad -\infty < x < +\infty, \quad -\infty < y < +\infty.$$

求（1）常数 A；

（2）条件概率密度 $f_{Y|X}(y \mid x)$.

 建议答题时间　$\leqslant 10$ min　　　　 评估　熟练｜还可以｜有点难｜不会

313 二维随机变量 (X,Y) 的概率密度为 $f(x,y)$，$-\infty < x < +\infty$，$-\infty < y < +\infty$.

已知 X 的密度

$$f_X(x) = \begin{cases} 1, & 0 < x < 1, \\ 0, & \text{其他}. \end{cases}$$

当 $0 < x < 1$ 时，条件概率密度

$$f_{Y|X}(y \mid x) = \begin{cases} \dfrac{1}{x}, & 0 < y < x, \\ 0, & \text{其他}. \end{cases}$$

求 $f(x,y)$，$-\infty < x < +\infty$，$-\infty < y < +\infty$.

建议答题时间 $\leqslant 10$ min 　　评估　熟练 | 还可以 | 有点难 | 不会

答题区域　　　　　　　　　　　　　纠错笔记

314 设二维连续型随机变量 (X,Y) 的概率密度为

$$f(x,y) = \begin{cases} \dfrac{k}{2} x e^{-(x+y)}, & x > 0, y > 0, \\ 0, & \text{其他}. \end{cases}$$

（1）求常数 k；

（2）求 (X,Y) 关于 X 和关于 Y 的边缘概率密度；

（3）判断随机变量 X 和 Y 是否相互独立.

建议答题时间 $\leqslant 10$ min 　　评估　熟练 | 还可以 | 有点难 | 不会

答题区域　　　　　　　　　　　　　纠错笔记

315 设随机变量 X 与 Y 相互独立,且 X 的分布为

X	-1	1
P	$\dfrac{1}{2}$	$\dfrac{1}{2}$

,Y 服从 $N(0,1)$ 分布.记 $Z = XY$,求 Z 的分布函数 $F_z(z)$.

 建议答题时间 $\leqslant 8$ min

评估 | 熟练 | 还可以 | 有点难 | 不会

 纠错笔记

316 设随机变量 X 和 Y 独立同分布,已知 $X \sim N(\mu, \sigma^2)$,求 $Z = \min(X, Y)$ 的数学期望 $E(Z)$.

 建议答题时间 $\leqslant 8$ min

评估 | 熟练 | 还可以 | 有点难 | 不会

纠错笔记

317 设随机变量 X 与 Y 相互独立，X 的概率分布为 $\dfrac{X\ \left|\ -1\quad 1\right.}{P\ \left|\ \dfrac{1}{2}\quad \dfrac{1}{2}\right.}$，$Y\sim P(\lambda)$，令 $Z=XY$，求 $\mathrm{Cov}(X,Z)$.

建议答题时间 $\leqslant 8$ min　　　**评估**　熟练　还可以　有点难　不会

 答题区域　　　纠错笔记

318 设二维随机变量 (X,Y) 的概率密度为

$$f(x,y)=\begin{cases}\dfrac{1}{4}\mathrm{e}^{-|x|}, & -\infty<x<+\infty,-1<y<1,\\[2mm] 0, & \text{其他}.\end{cases}$$

令 $Z=|X|+|Y|$.

（1）X 与 Y 是否相互独立？

（2）求 Z 的概率密度；

（3）求 Z 的数学期望和方差.

建议答题时间 $\leqslant 8$ min　　　**评估**　熟练　还可以　有点难　不会

答题区域　　　纠错笔记

319 设随机变量 X_1，X_2 相互独立，$X_1 \sim E(1)$，$X_2 \sim E(\lambda)(\lambda > 0)$. 令 $Y = \min\{X_1, X_2\}$，
$Z = \max\{X_1, 1\}$.

　　求：(1) Y 的概率密度 $f_Y(y)$；

　　　　(2) $P\{|X_1| > 2 \mid X_1 > 1\}$；

　　　　(3) Z 的数学期望 $E(Z)$.

 建议答题时间 　≤ 8 min　　 评估　熟练　还可以　有点难　不会

320 设随机变量 X 的概率密度为 $f(x) = \dfrac{\mathrm{e}^x}{(1+\mathrm{e}^x)^2}$，$-\infty < x < +\infty$，令 $Y = \mathrm{e}^X$.

　(1) 求 X 的分布函数 $F_X(x)$；

　(2) 求 Y 的概率密度 $f_Y(y)$；

　(3) Y 的期望是否存在？

 建议答题时间 　≤ 8 min　　 评估　熟练　还可以　有点难　不会

321 设随机变量 (X,Y) 在单位圆 $D: x^2 + y^2 \leqslant 1$ 内服从均匀分布，试求 X 和 Y 的相关系数 ρ_{XY}.

 建议答题时间 $\leqslant 10$ min　　评估　熟练 | 还可以 | 有点难 | 不会

 答题
区域　　　　　　　　　　　　　　　　　　纠错
笔记

322 设 $X \sim N(0,1)$，试证：$E(X^k) = \begin{cases} (k-1)(k-3)\cdots 1, & k \text{ 为正偶数}, \\ 0, & k \text{ 为正奇数}. \end{cases}$

 建议答题时间 $\leqslant 12$ min　　评估　熟练 | 还可以 | 有点难 | 不会

 答题
区域　　　　　　　　　　　　　　　　　　纠错
笔记

323 设 $\overline{X} = \dfrac{1}{n}\sum\limits_{i=1}^{n} X_i$，试证：

(1) $\sum\limits_{i=1}^{n}(X_i - \mu)^2 = \sum\limits_{i=1}^{n}(X_i - \overline{X})^2 + n(\overline{X} - \mu)^2$；　(2) $\sum\limits_{i=1}^{n}(X_i - \overline{X})^2 = \sum\limits_{i=1}^{n}X_i^2 - n\overline{X}^2$.

建议答题时间 $\leqslant 10\ \text{min}$ 　　　**评估** 熟练 | 还可以 | 有点难 | 不会

 答题区域

纠错笔记

324 设总体 $X \sim N(\mu, \sigma^2)$，$X_1, X_2, \cdots, X_n$ 是来自总体 X 的样本，记 $Y = \dfrac{1}{n}\sum\limits_{i=1}^{n}|X_i - \mu|$，

试证：(1) $E(Y) = \sqrt{\dfrac{2}{\pi}}\sigma$；

(2) $D(Y) = \left(1 - \dfrac{2}{\pi}\right)\dfrac{\sigma^2}{n}$.

建议答题时间 $\leqslant 12\ \text{min}$ 　　　**评估** 熟练 | 还可以 | 有点难 | 不会

 答题区域

 纠错笔记

325 设 $X_1, X_2, \cdots, X_9$ 是来自正态总体 X 的简单随机样本，$Y_1 = \frac{1}{6}(X_1 + \cdots + X_6)$，$Y_2 = \frac{1}{3}(X_7 + X_8 + X_9)$，$S^2 = \frac{1}{2}\sum_{i=7}^{9}(X_i - Y_2)^2$，$Z = \frac{\sqrt{2}(Y_1 - Y_2)}{S}$，求统计量 Z 服从的分布及参数.

建议答题时间 $\leqslant 8$ min   **评估** 熟练 | 还可以 | 有点难 | 不会

 答题区域

纠错笔记

326 设总体 $X \sim U(a, b)$，$X_1, X_2, \cdots, X_n$ 是来自总体 X 的样本，求未知参数 a 和 b 的矩估计量.

建议答题时间 $\leqslant 10$ min   **评估** 熟练 | 还可以 | 有点难 | 不会

 答题区域

纠错笔记

327 设总体 X 的概率密度为

$$f(x) = \begin{cases} \dfrac{6x}{\theta^3}(\theta - x), & 0 < x < \theta, \\ 0, & \text{其他,} \end{cases}$$

$X_1, X_2, \cdots, X_n$ 是来自总体 X 的样本,试求

(1)θ 的矩估计量 $\hat{\theta}$; (2)$\hat{\theta}$ 的方差 $D(\hat{\theta})$.

 建议答题时间 $\leqslant 12$ min

评估 熟练 还可以 有点难 不会

 纠错笔记

328 设总体 X 的概率密度为

$$f(x; \theta) = \begin{cases} \dfrac{1}{1-\theta}, & \theta \leqslant x \leqslant 1, \\ 0, & \text{其他,} \end{cases}$$

其中 θ 为未知参数,$X_1, X_2, \cdots, X_n$ 为来自该总体的简单随机样本,求 θ 的矩估计量和最大似然估计量.

 建议答题时间 $\leqslant 10$ min

评估 熟练 还可以 有点难 不会

 纠错笔记

329 设随机变量 X 在数集 $\{0,1,2,\cdots,N\}$ 上等可能分布,求 N 的最大似然估计量.

 建议答题时间 $\leqslant 8$ min   评估 | 熟练 | 还可以 | 有点难 | 不会

答题区域

纠错笔记

330 设总体 X 的概率分布为 $\dfrac{X \begin{array}{cccc} 0 & 1 & 2 & 3\end{array}}{P \begin{array}{cccc} \theta^2 & 2\theta(1-\theta) & \theta^2 & 1-2\theta\end{array}}$,其中 $\theta\left(0<\theta<\dfrac{1}{2}\right)$ 是未知

参数,利用总体 X 的样本值 3,1,3,0,3,1,2,3,求 θ 的矩估计值和最大似然估计值.

 建议答题时间 $\leqslant 8$ min   评估 | 熟练 | 还可以 | 有点难 | 不会

答题区域

纠错笔记